"十四五"时期国家重点出版物出版专项规划项目

主编：傅诚德 ｜ 副主编：高瑞祺 章卫兵

走进石油（第二版）
Touch the Petroleum

⑧ 为石油开刀重组
—— 石油炼制

徐春明　杨朝合
孟祥海　李瑞丽　等编著

石油工业出版社

图书在版编目（CIP）数据

为石油开刀重组：石油炼制 / 徐春明等编著．—北京：石油工业出版社，2023.12

（走进石油：第二版）

ISBN 978-7-5183-6242-4

Ⅰ．①为… Ⅱ．①徐… Ⅲ．①石油炼制 Ⅳ．①TE62

中国国家版本馆 CIP 数据核字（2023）第 165325 号

出版发行：石油工业出版社
（北京安定门外安华里 2 区 1 号　100011）
网　　址：www.petropub.com
编辑部：（010）64523825　图书营销中心：（010）64523633
经　　销：全国新华书店
印　　刷：北京中石油彩色印刷有限责任公司

2023 年 12 月第 1 版　2023 年 12 月第 1 次印刷
710×1000 毫米　开本：1/16　印张：12
字数：150 千字

定价：60.00 元
（如出现印装质量问题，我社图书营销中心负责调换）
版权所有，翻印必究

《走进石油》（第二版）

丛书编委会

主　任：匡立春

副主任：傅诚德　江同文　雷　平

委　员：李　宁　苏义脑　胡文瑞　黄维和　徐春明　邹才能
　　　　高瑞祺　王大锐　吴　奇　胡　杰　何盛宝　马宝金
　　　　闫伦江　王　震　曾　萍　李俊军　张　镇　王雪松
　　　　章卫兵

丛书编写组

主　编：傅诚德

副主编：高瑞祺　章卫兵

成　员：（按姓氏笔画排序）

　　　　马新福　王长会　方　可　丛者峰　吕焕通　刘明明
　　　　闫建文　李　中　李　欣　张贺恩　陈朋超　武宏亮
　　　　周英操　庞奇伟　孟祥海　胡才仲　娄舒洁　崔玉波
　　　　葛稚新　谢水祥　潘玉全

本书编写组

组　长：徐春明

副组长：杨朝合　孟祥海　李瑞丽

成　员：（按姓氏笔画排序）

王永春　白宇恩　邢梦可　回天力　任　翀　刘　晗
刘欣梅　孙昱东　张　睿　陈小博　周亚松　赵　亮
高　迪　郭佳俊　崔玉波　魏　强

序（第二版）

石油和天然气作为世界主要能源和优质化工原料，是当今社会经济发展中最重要的生产力要素之一。目前，世界能源消费结构份额中，石油占比最大，石油与天然气占比合计超过一半。一个国家对石油和天然气的拥有量和占有量已成为其综合国力的重要标志。半个世纪前，美国前国务卿基辛格博士曾说，谁控制了石油，谁就控制了所有国家。石油的供需状况不仅在相当大的程度上直接影响一个国家的经济稳定和战略安全，而且往往成为影响一个地区乃至全球政治经济秩序的重要因素。

当前，以可再生能源+能源互联网为核心的第三次工业革命正在快速推进，大力发展可再生能源已成为全球能源革命和应对全球气候变化的普遍共识。在国家"碳达峰、碳中和"目标背景下，石油工业面临能源结构调整的巨大压力，也迎来了推进绿色低碳转型和能源科技创新的时代机遇。据多家权威机构预测，石油和天然气仍然是人类近50~100年的主导能源，世界各国继续把发展石油和天然气，保持和增加对其拥有量和占有量作为重大战略问题。科学技术越发成为保障国家能源安全，提升石油行业竞争力的重要手段。

科技创新、科学普及是实现创新发展的两翼。许多伟大的科学家和创新者都是通过科学普及这扇大门进入神秘的科学世界。为了让国内外更多读者了解石油、走进石油，2006年由中国石油学会科普教育委员会和石油工业出版社共同组织出版了《走进石油》科普丛书。丛书由傅诚德教授主编，侯祥麟、田在艺两位院士作序，出版后受到我国石油科技界和社会大众的广泛支持和欢迎。

近年来，世界石油科技突飞猛进，新能源产业也在蓬勃发展，新理论、新方法、新工艺层出不穷，大数据、云计算、人工智能等新技术与石油工业的融合日趋紧密，因此亟待向业内和社会大众推广和普及。《走进石油》(第二版)在第一版10个分册的基础上扩充到15个分册，条目由600多条增加到1200多条，涵盖了石油石化行业完整的知识链，内容新颖，图文并茂，是一套兼具科学性、通俗性和趣味性的科普丛书。读者看到的不仅仅是一个又一个知识闪光点，还将回眸石油科技创新和发展的非凡历程，感受科技工作者创新创造的科学家精神，触摸石油工业无比璀璨的未来。

在此，谨对《走进石油》(第二版)的出版表示热烈祝贺。我相信，随着这套丛书的出版发行，一定会有更多的读者以此为阶梯，迈向石油科学技术的高峰。

时任中国科协党组书记、分管日常工作副主席、书记处第一书记
现任国务院国有资产监督管理委员会党委书记、主任
中国工程院院士

编者的话

石油,顾名思义,就是石头里产出来的油。和煤、铁、铜、金等矿藏一样,石油也是一种产于地壳中的宝贵矿藏,但它以一种流体形态赋存于地下。世界上第一个提出"石油"这一科学命名的人是中国北宋科学家、曾任陕西延安府太守的沈括(1031—1095)。在他所著的《梦溪笔谈》中记载:"鄜、延(即鄜、延二州,今陕西延安一带)境内有石油,旧说'高奴县出脂水',即此也。"他还曾预言"此物后必大行于世,自余始为之"。而在国外,直至1556年才由德国人乔治·拜耳提出石油(Petroleum)一词,Petro 指岩石,Oleum 指油脂,二者合在一起即石油。中国沈括命名石油比西方国家早了约500年。

无论是作为燃料,还是以它为原料制成的各种产品,石油已经渗透到人类社会的各个领域。汽车、飞机和轮船使用的汽油、航空煤油、柴油等动力燃料由石油炼制而来,人们日常生活中离不开的塑料、橡胶制品和绚丽多彩的服装鞋帽等,都与石油息息相关。因此,石油有了"工业的血液""黑色的金子"等美誉。石油如此珍贵,不仅在改变着人们的生活,也让世界上有些国家为争夺石油资源而上演一场场惊心动魄的地缘争斗。据统计,20世纪后半叶发生的地区冲突大多与石油有关。

石油工业的发展和石油科学技术的进步,不仅对国家能源安全、国民经济建设和国防现代化具有重要意义,而且与全面建设小康社会以及人们的衣、食、住、行紧密相关。为了让广大读者一探石油工业的究竟，更深入地理解石油与我们生活的关系，促进石油科技知识的传播，中国石油学会科普教育委员会和石油工业出版社于2006年共同组织出版了石油科普系列丛书《走进石油》（第一版），丛书由傅诚德教授主编，石油行业内100多位知名专家参与编写，包括《石油地质》《石油地球物理勘探》《石油地球物理测井》《石油钻井》《石油开发》《石油开采》《石油储存与运输》《石油炼制与化工》《石油经济》《石油环境保护》10个分册。中国科学院与中国工程院两院院士、中国石油学会名誉理事长、原石油工业部副部长侯祥麟先生和中国科学院院士、中国石油学会第一届科普教育委员会主任田在艺先生多次指导并为丛书作序。《走进石油》（第一版）自2006年出版以来，受到社会各界读者的广泛好评，2009年作为主要书目入选由中宣部、中央文明办、新闻出版总署主办的"全民阅读"优秀项目——中国石油"千万图书送基层，百万员工品书香"活动。丛书重印5次，累计发行7.6万余套，合计76万余册，多年来一直是中国石油远程培训的重要教材之一。

《走进石油》（第一版）出版至今已有将近20年时间。近20年来，石油科技迅速发展，计算机、互联网、物联网技术在石油工业得到全面应用，石油勘探、石油开发、炼油化工等专业技术与大数据、人工智能、数字孪生等数字技术深度融合，碳纤维等高分子材料、复合材料更深入地向多领域延伸，氢能、太阳能、核能等新能源技术和"双碳三新"目标的提出正在加速推动石油工业的转型，石油科技正在全面突飞猛进，石油行业的新理论、新技术和新方法层出不穷，因此《走进石油》（第一版）已经难以满足当前石油科技知识普及的需求。为此，2020年傅诚德教授和高瑞祺教授提议对《走进石油》（第一版）进行修订，得到了中国石油科技管理部和石油工业出版社的大力支持和积极响应。

侯祥麟院士在《走进石油》（第一版）序中强调"科学的发展和技术的创新，只有被公众掌握，才能变成巨大的生产力，才能加快科技成果向现实生产力的转化"。为了更好达此目标，使《走进石油》（第二版）内容质量和展现形式更上一层楼，丛书编委会从一开始顶层设计就集思广益，聚贤汇智，由苏义脑、胡文瑞、黄维和、邹才能、徐春明、李宁六位院士和行业权威专家分别担任15个分册的主编，150多位技术专家参与编写，20余家石油石化企业、科研院所、行业学会（协会）鼎力支持。

《走进石油》（第二版）是一套理念先进、体系完整、知识丰富的科普巨制；以1200多个知识点，构成了系统完整的石油石化知识链，并依托丰富的表现形式，为读者拓宽了"走进石油"的路径。一是对知识体系进行合理扩展：将第一版的《石油炼制与化工》分册扩展为《石油炼制》和《石油化工》两个分册，增加《天然气》《海洋石油》《新能源》《智慧石油》4个分册，全景再现了石油工业全产业链的知识景观；二是对技术亮点进行有序重构：准确把脉石油行业主体学科专业新理论、新技术、新工艺、新成果以及发展趋势，突出读者关注度较高、应用效果显著的知识点，让每一分册都能够形成主次分明、重点突出的亮点结构；三是对新兴科技进行科学展望，呈现其广阔的发展前景。

为了使《走进石油》（第二版）在第一版的基础上增强文章的科普性、趣味性，丛书编委会对编写组织和图书表现手法等进行了独特的探索。在第二版中，由技术专家与科普作家深度参与协同创作，实现了内容科学性、通俗性、趣味性的统一；首次使用富媒体技术，实现了视觉空间展现与平面阅读方式的融合；首次面向全社会征集"油博士"卡通形象，让"油博士"引领读者走进石油，实现了各分册知识板块的有机结合；首次采用系列自创插图，使读者通过插图扫除文字理解障碍，引领阅读进入"读图时代"。

《走进石油》（第二版）的出版，不仅是向社会推出的一套传播石油知识的图书，更是一项提高全民科学素质的文化工程，其意义将随着时间的推移愈显重要。特别指出的是，为了这项文化工程的如期完工，编写队伍付出了巨大的努力。在三年多的创作时间里，适逢百年不遇的新冠肺炎疫情肆虐，编写组成员克服各种困难完成了撰写任务。

在本套丛书的编写出版中，中国石油科技管理部领导给予了重要指导和支持，中国科协、中国石油学会、中国化工学会、中国石油科协、中国石油大学（北京）、中国石油大学（华东）、长江大学、西南石油大学、东北石油大学、西安石油大学、中国石油勘探开发研究院、中国石油深圳新能源研究院、中国石油石油化工研究院、中国石油工程技术研究院、中国石油安全环保技术研究院、中国石油东方地球物理勘探有限责任公司、中国石油海洋工程有限公司、中国石油数字和信息化管理部、中国海油能源经济研究院、国家管网集团科学技术研究总院、昆仑数智科技有限责任公司等企业单位、科研院所、学会（协会）和高等院校提供了大力支持，在此表示由衷感谢！石油工业出版社对本套丛书的编写出版非常重视，专门配备了最强编辑力量配合作者和丛书编写组完成稿件编写和审核，向石油工业出版社提供的支持表示感谢！最后，向在本套丛书策划、编写、审稿和出版过程中提供创意、建议和意见的专家表示感谢，也向每一位不计得失、笔耕不辍的作者表示诚挚的谢意！

　　社会希望了解石油，石油工业的发展需要社会的支持。希望我们精心组织编写的石油科普系列丛书——《走进石油》（第二版）能为广大读者了解石油工业提供帮助，更能为我国石油工业的发展贡献一份力量！

分册前言

石油被誉为"黑色的金子"与"工业的血液"。石油为什么会有如此高的声誉？石油有什么特殊的性质？石油与我们的生产生活有着什么样的联系？哪些产品来源于石油？五花八门的石油产品有哪些用途？这些石油产品是如何生产出来的？人们在使用石油产品时需要注意些什么？这些问题部分读者可能不太了解。本书可以作为您畅游石油产品王国的导游以及选购和使用石油产品时的参谋，提供您想了解的知识和信息。

近100多年来，人们对石油的研究和使用从未间断，新的石油技术不断发展，新的石油产品不断涌现。当今，石油的应用已经渗透到我们日常生产生活的方方面面，石油产品在人们的衣食住行中无处不在，石油商品品种数不胜数，许多已经成为人们生活不可或缺的一部分。以汽车为例，它所需要的汽油、润滑油、润滑脂、轮胎、仪表盘、方向盘、坐垫、保险杠、挡泥板、装饰织物甚至车身，哪样也离不开石油。石油产品种类很多，总体来说可分为油品、合成树脂、合成纤维、合成橡胶以及特种化工产品、精细化工产品等。

本书内容以2006年出版的石油科普系列丛书《走进石油》第8分册《石油与衣食住行——石油炼制与化工》为基础，丰富了"油品篇"和"石油加工篇"，增补了"原油性质"和"炼油厂概况"，形成了独立的分册，为广大读者深入认识石油炼制提供了便利。

本书由徐春明院士、杨朝合教授、孟祥海教授、李瑞丽副教授领衔,由中国石油大学(北京)和中国石油大学(华东)从事石油炼制相关教学科研工作的教师共同编写。其中,周亚松负责第一篇编写,徐春明、杨朝合、刘欣梅、陈小博、孙昱东负责第二篇编写,孟祥海、李瑞丽、赵亮、张睿负责第三篇编写,魏强负责第四篇编写。中国石油大学(北京)刘晗、回天力、邢梦可进行了资料收集和书稿校核,任翀、高迪、白宇恩和郭佳俊为本书绘制了部分插图,王永春为本书制作了视频,崔玉波为本书进行了文字润色。此外,摄图网提供了部分图片。

限于编著者科普和创作水平,书中难免存在不妥之处,敬请广大读者批评指正。

畅游石油
炼制视频

目录 Contents

一 神秘复杂的石油组成 / 001

大家都知道，人体里的血液肉眼观察到的是鲜红的颜色，具有很好的流动性，但是，血液里都有哪些组分，肉眼是观察不到的，这就需要进行医学检测。同样，石油看起来是黑色、褐色或者黄色的，有的流动、有的不流动。那么，石油的组成到底是什么？接下来油博士带你进入石油组成的迷宫，一起揭开石油组成的神秘面纱。

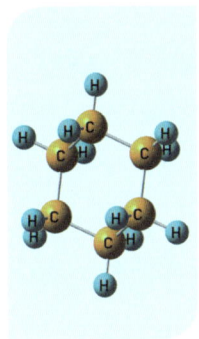

1.1 石油里含有什么元素？ / 002
1.2 "错综复杂"的石油组成 / 003
1.3 原油也会有好坏 / 007
1.4 石油也分轻重——石油中的重油 / 010
1.5 为什么有的石油有难闻的臭味？ / 011
1.6 "作孽烦人"的镍和钒 / 013
1.7 石油能合成吗？ / 015

二 巧夺天工的加工工艺 / 019

石油是宝贵的资源，我们平时的衣食住行都离不开石油。那么石油是怎么变成我们需要的产品呢？这就离不开巧夺天工的石油加工工艺。石油加工包括一次加工过程和二次加工过程，它们分别指的是什么？能生产什么样的产品？有什么样的特点？就让我们跟随油博士进入各个加工工艺过程，探寻它们的魅力吧。

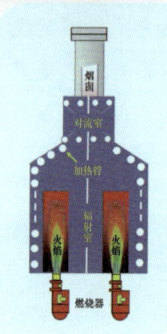

2.1 原油是怎样加工的？ /020

2.2 原油在不同炼油厂中经历的加工程序一样吗？ /022

2.3 加工原油的"四大宝器" /024

2.4 原油中有盐，装置不喜欢怎么办？ /027

2.5 原油加工的"龙头"——蒸馏 /029

2.6 说说蒸馏产物及其用途 /031

2.7 原油加工中的二次加工过程 /032

2.8 神奇的催化剂 /034

2.9 分子可以过筛吗？ /036

2.10 固体催化剂能流动吗？ /039

2.11 催化剂中毒或失活后怎么办？ /041

2.12 怎么从重油里变出汽油来？ /044

2.13 黏糊糊的燃料油怎么提高流动性？ /046

2.14 焦化为什么需要"延迟"？ /049

2.15 怎样得到高品质的石油焦？ /051

2.16 催化裂化的原料和产品是什么？ /054

2.17 催化裂化和重油催化裂化有什么不同？ /056

2.18 催化剂如何在催化裂化装置中循环使用？ /057

2.19 问世间"氢"为何物？ /058

2.20 氢是怎么加到油品里去的？ /061

2.21 巧妙的化学储氢用氢 /064

2.22 怎么除去石油产品中的杂质？ /066

2.23 能给石油里的分子动"手术"吗？ /067

2.24 裂化、加氢、重整催化剂可以互换使用吗？ /070

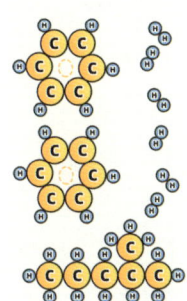

2.25 石油分子的骨架能够相互变化吗？ / 073

2.26 液化气能变成汽油吗？ / 074

2.27 油品添加剂 MTBE / 076

2.28 什么是重油的梯级分离？ / 078

2.29 润滑油加工为什么要经过这么多步骤？ / 080

2.30 炼油厂一般能得到哪些化工原料和产品？ / 083

2.31 小分子烯烃也能从催化裂化中来 / 085

2.32 油品是调和出来的 / 087

2.33 清洁汽柴油对调和原料分别有什么要求？ / 089

2.34 原油加工的难点和方向在哪里？ / 092

2.35 将每一滴原油吃干抹净——"分子炼油" / 093

三 丰富多彩的石油产品 / 097

为什么汽车可以在高速公路上奔驰？为什么飞机可以在天空上翱翔？高速路上为什么铺设沥青？怎样才能让生日宴会上的蜡烛不流泪？机械设备离开润滑油能行吗？要回答好这些问题，就需要先对石油产品有个基本的了解。跟随油博士一起来认识这些丰富多彩且神通广大的石油产品吧。

3.1 石油是个聚宝盆 / 098

3.2 为什么不同的汽车要使用不同牌号的汽油？ / 099

3.3 汽油的理想成分是什么？ / 102

3.4 清洁车用燃料有什么质量指标? /104

3.5 酒精是否可以用作汽车燃料? /106

3.6 为什么有的汽车烧汽油,
而有的汽车烧柴油? /108

3.7 柴油牌号是怎么来的? /109

3.8 柴油的理想组分是什么? /111

3.9 柴油能从地里"种"出来吗? /113

3.10 一些大卡车和拖拉机冒黑烟
是怎么回事? /115

3.11 为什么在加油站里
不能使用手机打电话? /117

3.12 大型喷气式客机为什么能飞那么远? /118

3.13 航空煤油的理想组分是什么? /120

3.14 航空汽油与航空煤油有什么区别? /122

3.15 汽车可以烧液化气吗? /124

3.16 航空母舰也烧燃料油 /127

3.17 远洋轮船用燃料油也限制硫含量吗? /128

3.18 机器里为什么要加润滑油? /130

3.19 从原油中蒸馏出来的产物
可以直接用作润滑油吗? /132

3.20 认识汽油机油和柴油机油 /135

3.21 把普通的机械油加到齿轮箱里
行不行? /137

3.22 变压器里为什么要加油? /138

3.23 什么是润滑脂? /140

3.24 为什么有的蜡烛在点燃的
时候会"流泪"? /142

3.25 凡士林是什么? /144

3.26 栩栩如生的蜡像馆中人物的蜡来自石油 /145

3.27 可以吃的石油产品 /146

3.28 为什么有的马路在夏天会发软？ /149

3.29 普通道路沥青能铺在高速公路上吗？ /151

3.30 沥青产品能让房顶不漏水 /153

3.31 沥青也可以五颜六色 /154

3.32 用途广泛的石油焦 /156

四 炼油厂的今夕与未来 / 159

伴随炼油技术和理念的发展，炼油厂的规模和内涵不断发生变化。当前炼油厂的特点是高度自动化，利用分布式控制系统，岗位人员在操作终端通过系统软件就可以直观地查看相关操作参数，并且对一些设备进行远程调控。未来的炼油厂将是自动化与信息化相结合，并融合绿色低碳的发展理念，建成智慧炼油厂，这样的炼油厂让我们一起期待吧。

4.1 我国的炼油历史 /160

4.2 炼油技术的"五朵金花"是什么？ /163

4.3 炼油厂建在哪里合适？ /164

4.4 炼油厂的平面怎么布置？ /165

4.5 炼油厂人少办大事 /167

4.6 炼油厂也如花园般美丽 /169

4.7 节约能源，降低炼油能耗 /171

4.8 未来炼化企业模式 /173

参考文献 / 174

一　神秘复杂的石油组成

大家都知道，人体里的血液肉眼观察到的是鲜红的颜色，具有很好的流动性，但是，血液里都有哪些组分，肉眼是观察不到的，这就需要进行医学检测。同样，石油看起来是黑色、褐色或者黄色的，有的流动、有的不流动。那么，石油的组成到底是什么？接下来油博士带你进入石油组成的迷宫，一起揭开石油组成的神秘面纱。

神秘复杂的
石油组成视频

1.1 石油里含有什么元素？

仅从外表观看，石油是一种黑色、褐色或者黄色的流动或半流动黏稠液体，但如果你想进一步探究石油的组成奥秘，你会发现它的"内心"十分丰富且精彩。对于石油这样复杂的物质，其"内心"世界的研究离不开元素组成的分析。我们知道，人体是由 60 多种不同的化学元素组成的，这些元素大致分为常量元素和微量元素两类。石油也是由许许多多不同的化学元素组成的，其元素种类多达几十种。有趣的是，石油中元素种类与生物体中元素种类惊人的相似，这也成为石油有机成因学说的重要依据。根据石油中元素含量的差别，可以将其分为主要元素、次要元素和微量元素三类。

石油作为复杂的有机化合物，主要由碳和氢两种元素组成。世界上原油的性质虽因产地不同而千差万别，但碳元素的质量分数基本为 83%~87%，氢元素的质量分数基本为 11%~14%（图 1.1），二者之和为 95%~99%。虽然不同原油的碳和氢含量总和相差不大，但不同原油的氢碳原子比却大相径庭，在石油行业也经常使用氢碳原子比反映原油的特性。

> **小贴士**
>
> 氢碳原子比是反映原油和油品化学组成的重要参数，数值大说明含有较多的烷烃，数值小说明含有较多的芳香烃，如己烷（C_6H_{14}）的氢碳原子比是 2.33，苯（C_6H_6）的氢碳原子比是 1。

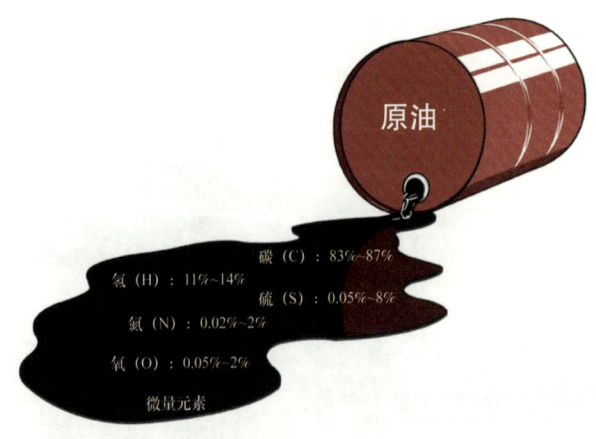

图 1.1　石油中的元素组成

除了碳和氢这两种主要元素，石油组成中还有硫、氮、氧等次要元素，其质量分数一般为 1%～5%。这些次要元素在石油中与烃类分子结合在一起，构成了非烃类化合物或杂原子化合物。由于杂原子化合物会对油品的加工性能、储存性能及使用性能产生很大的影响，因此脱除油品中的杂原子成为清洁油品生产的关键。

人体为了维持正常生命活动，需要摄取铁、锌、钙等微量元素，这些微量元素虽然在人体中含量很低，但作用却非常大。而石油中的微量元素并非"必需"，有时还挺"恼人"。目前，科学家们已从石油中检测出 59 种微量元素，其中包括 45 种金属元素。在这些微量元素中，铁、钙、钠等易在加热炉、换热器、反应器等部件结垢，影响传热和换热效果；而镍、钒、砷等易使加工过程使用的催化剂中毒失活。就世界范围而言，石油中含量最多的微量元素是钒，其次是镍。地球化学工作者经常把镍钒质量比作为判断石油成因的指标之一，认为镍钒质量比大于 1 是陆相生油的特征，而镍钒质量比小于 1 则被认为是海相生油的特征。我国绝大多数原油的镍含量要明显高于钒含量，因此我国原油基本属于陆相生油。

> **小贴士**
>
> 由碳和氢两种元素构成的化合物称为烃类化合物；如果化合物中除了碳、氢两种元素，还含有硫、氮、氧及微量元素中的一种或多种元素，那么该化合物就称为非烃类化合物或杂原子化合物。

1.2 "错综复杂"的石油组成

生命的源泉——水，无色透明的液体，由两个氢原子和一个氧原子构成的水分子组成，这种由单一分子组成的物质称为纯净物。而由不同分子组成的物质称为混合物。工业的血液——石油，一种典型"错综复杂"的混合物，由数以百万、千万计的不同分子组成，这就对人们认识石油产生了很大的困扰。即便使用当代最先进的仪器设备，也不能认清石油中全部的分子。因此，对石油中分子结构的认识，只能从"烃类"或"烃族"的层次出发。

石油的主要成分是烃类化合物（也称为碳氢化合物），由碳原子与氢原子构成。烃取碳中之"火"、去氢中之"气"成字。原油中的烃类基本上是烷烃、环烷烃和芳香烃，基本不含不饱和烃烯烃，只有经过二次加工得到的产品中才会有烯烃。主要烃类分类代表示例如图1.2所示。

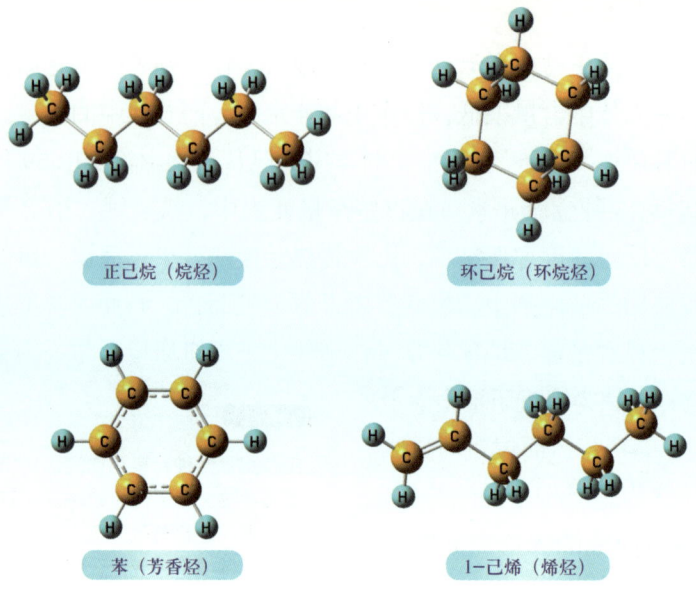

正己烷（烷烃）　　　　环己烷（环烷烃）

苯（芳香烃）　　　　1-己烯（烯烃）

图1.2　主要烃类分类代表

原油中包含碳数不同的烃类分子，最小的液态烃类分子碳数是4，最大的烃类分子碳数是80，碳数不同的烃类沸点不同，碳数越小，沸点越低。现在的分析方法还无法直接测定原油组成中到底含有多少个烃分子。目前，对原油中烃类组成的认识方法类似于原油的加工方法。首先，将原油通过蒸馏分离成不同沸点范围的石油馏分，也称为直馏馏分油。沸点为200℃以下的为汽油馏分，200~350℃的为柴油馏分，350~500℃的为减压馏分，500℃以上的为减压渣油。这样就可以用现代仪器分析鉴定各个馏分油的组成了。

> **小贴士**
> 蒸馏就是根据组分的沸点不同将组分分离开，加热时低沸点组分首先汽化冷凝，随着不断加热升温，各组分也按照沸点从低到高依次汽化冷凝，这样通过加热—汽化—冷凝将各个组分分离开。

汽油馏分中可以鉴定出高达 200 个烃类化合物，它们的碳原子数主要是 5～10，烃类中烷烃和环烷烃含量很高，烷烃就占了 50% 左右，芳香烃的含量不超过 20%。

小贴士

族组成类似一个家族，把结构相似的一类称为一个族，如正构烷烃、异构烷烃、环烷烃、芳香烃等。

对柴油馏分组成的认识可就没有像汽油那样清楚了，柴油的组成比汽油更复杂，一个分子中的碳原子数就是 11～20，所以难以鉴定出单个烃类化合物，只能用一种所谓的族组成来表示。和汽油相比，柴油馏分烃类的环数和侧链长度都增加了，不过环数还是以一个环和两个环为主。到了减压馏分油，那碳数就更多了，碳原子数可以是 21～35，一个分子中这么多碳原子，是不是分子更大了？一个分子中同时含有烷烃、环烷烃和芳香烃结构了，如这个分子式 $C_{10}H_{21}$，只能用烷基、环烷基、芳香基来表示。减压馏分油的环烷烃从一个环数到六个环数的都有，并且以多个环数的居多；芳香烃的环数从一个到三个的都有，并且以三个环数的芳香烃为主。最后就是原油中最"重"的那部分了，称为减压渣油。减压渣油的碳数更多，一个分子中的碳原子数大于 35，由此可见，分子更复杂了，前面所介绍的表示汽油、柴油、减压馏分油的组成都不再适用，目前普遍采用的是四组分表示方法，也就是把减压渣油用饱和分、芳香分、胶质、沥青质四个组分来表示。其中，饱和分以烷烃和环烷烃为主；芳香分以芳香烃为主；胶质是既含有环状结构的环烷环和芳香环，又含有烷基侧链的复杂分子，并且含有硫、氮、氧等杂原子的胶状物质；而沥青质就是比胶质分子结构更复杂的含有环状结构和烷基侧链的分子，且含有更多的硫、氮、氧及微量金属的沥青状物质。

石油中还有一类烃，很容易凝固，室温下是固体，因此称为固态烃，也就是蜡。一般从减压馏分油中分离出来的叫作石蜡，石蜡以大分子的正构烷烃为主；从减压渣油中分离出来的叫作微晶蜡，微晶蜡的主要成分是带有正构或异构烷基侧链的环状烃。

石油组成中不仅有烃类化合物，还有非烃类化合物，主要包括含硫化合物、含氮化合物与含氧化合物，如硫醇、硫醚、二硫化物及噻吩等含硫化合物（图1.3），吡啶、喹啉、吡咯等含氮化合物（图1.4），环烷酸、脂肪酸等含氧化合物（图1.5）。

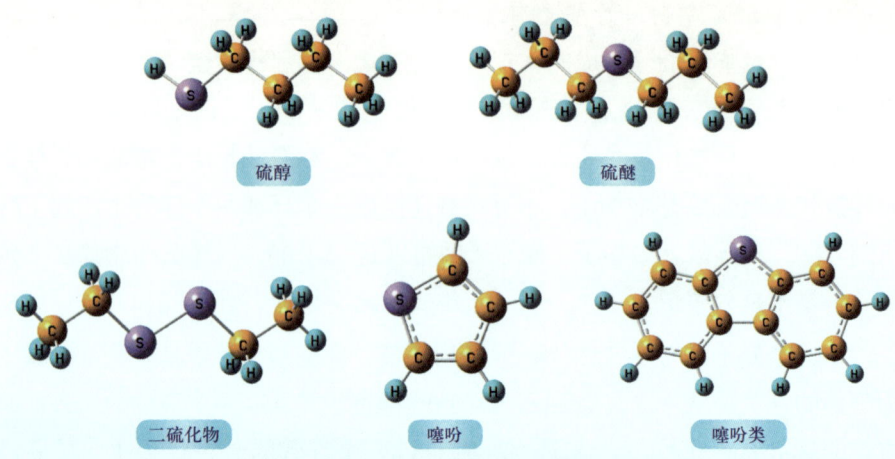

图1.3　石油中的含硫化合物

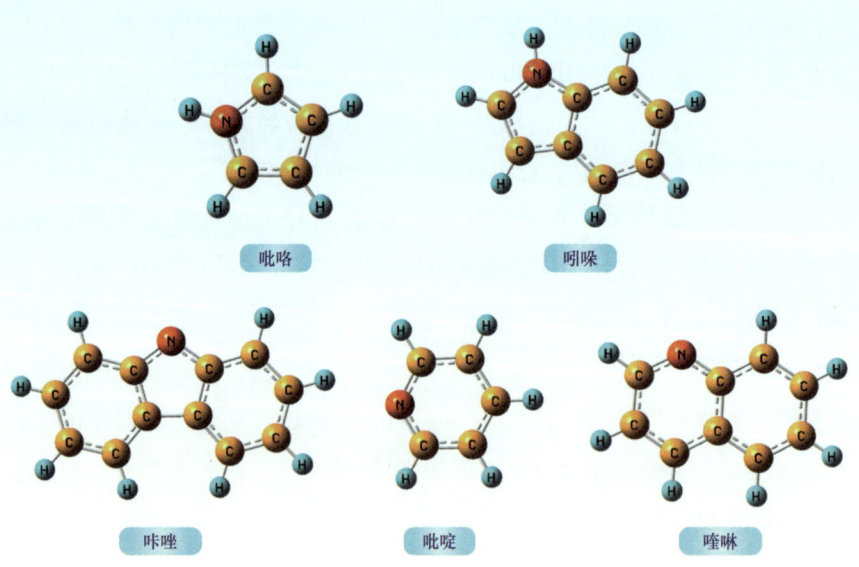

图1.4　石油中的含氮化合物

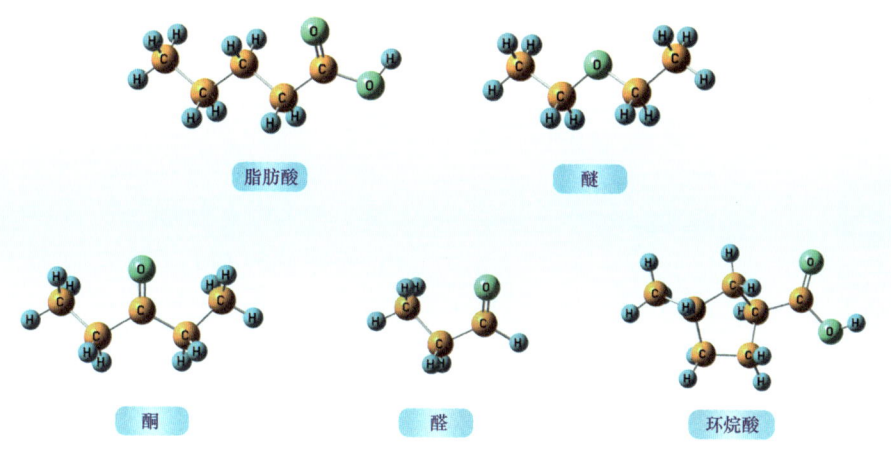

图 1.5 石油中的含氧化合物

非烃类化合物的存在，对石油加工过程、产品的使用性能均具有很大的影响。因此，为了能准确了解并合理解决非烃类化合物对石油加工及产品使用造成的一些问题，就有必要认识石油中非烃类化合物的组成及性质特点。

1.3 原油也会有好坏

就如我们必不可少的粮食大米，不同地区生长的大米质量不一样，价格也不一样。作为工业粮食的原油也像大米一样，不同产地的原油所含的组分差异很大，甚至同一口油井也会因采出深度的不同而导致原油性质出现差别。

原油也是按质论价。为了在原油贸易中根据质量的好坏确定原油价格，国际原油市场按照相对密度、硫含量及酸值高低对原油进行分类（图 1.6 和图 1.7）。

关注经济的人经常会听到原油期货价格。当前，国际原油市场定价的三大基准原油主要是美国西得克萨斯原油（WTI）、英国北海布伦特原油

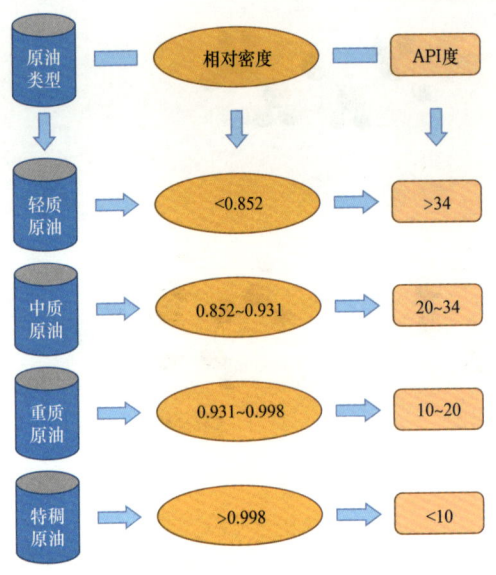

图1.6 原油按照相对密度分类示意图

（Brent）和中东阿联酋迪拜原油（Dubai）。通常，布伦特原油价格最高，西得克萨斯原油价格居中，迪拜原油价格最低。这个定价是基于什么因素考虑的呢？因为布伦特原油的API度为37.9，硫含量为0.38%，根据以上原油分类可知，该原油为低硫轻质原油的代表，加之海上开采成本高，所以布伦特原油的价格最高；而迪拜原油是典型的低API度、高硫含量原油，因此在三种基准原油中价格最低。

> **小贴士**
>
> 我国常用 d_4^{20}（温度为20℃的油品密度与4℃时水的密度之比）表示相对密度，欧美各国则常用 $d_{15.6}^{15.6}$ 表示，API度 $=\dfrac{141.5}{d_{15.6}^{15.6}}-131.5$，即相对密度与API度成反比关系，API度越大，相对密度越小。

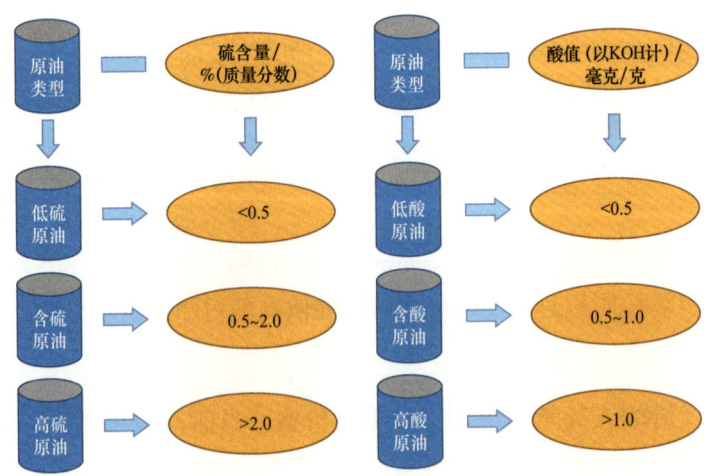

图1.7 原油按照硫含量及酸值分类示意图

API度越大的轻质原油，在加工过程中可以直接得到更多的汽油、煤油、柴油等轻质油品，是普遍受欢迎的"优质"原油，如果再加上硫含量低，那就是更好的原油；反之，API度低、硫含量高的原油，在加工过程中获得的轻质油收率低，而低附加值的气体或焦炭的产率高，同时原油中的"硫"会对加工设备产生不同程度的腐蚀，给安全生产带来一定的隐患，因此是"劣质"原油。

原油还有一种分类方法，即关键馏分特性分类法。该方法是把原油分成石蜡基、中间基和环烷基三种类型，把原油蒸馏得到250~275℃和395~425℃的馏分作为两个关键馏分，分别测定其相对密度，根据相对密度大小确定原油的属性（图1.8）。

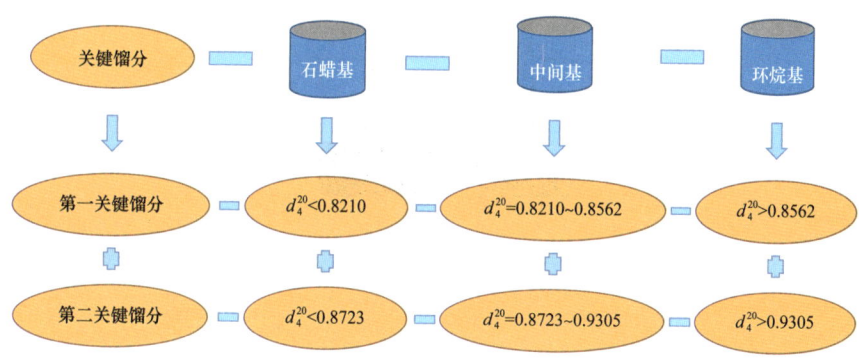

图1.8 关键馏分特性分类法

三种类型的原油的化学组成不同，表现出原油的性质特点不同。石蜡基原油中链状烷烃含量高，环烷基原油中环状烃含量高，中间基原油居中，因此通常石蜡基原油的密度最小，环烷基原油的密度最大，中间基原油居中。石蜡基原油的蜡含量高，是生产润滑油的好原料；环烷基原油的沥青质、胶质含量高，是生产沥青的好原料，不过环烷基原油往往酸值也高，会导致石油加工过程设备严重腐蚀。

好的原油价格高，但是加工成本低；"劣质"的原油价格低，但是加工成本高。随着原油资源的逐渐短缺，"劣质"的原油也要"吃干榨尽"，通过深度加工，转化成高价值的、有用的石油化工产品。

1.4 石油也分轻重——石油中的重油

通常将相对密度 d_4^{20} 大于 0.931 的石油以及加工得到的渣油称为重油。稠油则是重油家庭的一员。重油的主要外在特征是黏度大、流动性差（图1.9），难以直接利用泵通过管道输送，加工难度大。

图1.9 轻、重原油示意图

人体血液可能出现"三高"（高血压、高血脂、高血糖），对健康产生不同程度的影响。同样，重油也存在相似的"四高"症状，即高密度、高黏度、高残炭值和高金属含量，这"四高"是如何产生的呢？

重油的"四高"是由于重油中饱和分、芳香分含量较少，而胶质、沥青质含量过高，同时重油中非金属杂原子（硫、氧、氮）含量远高于常规原油，并且能与重油中的过渡金属离子形成配合物，使重油分子发生聚集，黏度升高。重油的分子量较大，分子间作用力大，导致密度也较大。残炭值表征重油在加工过程中生成焦炭物质的倾向，重油中较多的多环芳香烃、胶质、沥青质等会导致其具有较高的残炭值。原油中的微量金属主要存在于胶质、沥青质中，因此重油中的金属含量也很高。

> **小贴士**
> 除重油以外的原油称为常规原油。

"四高"对重油的加工会产生怎样的影响呢？

重油的高黏度、高密度与高残炭值主要是源于氢碳原子比很小的物质，如多环芳香烃、胶质、沥青质等，这些化合物在重油加工过程中极易生成低附加值的焦炭，焦炭也可能沉积在催化剂的表面，降低催化剂的活性，导致重油难以加工，并且加工效率低，经济效益不理想。

同样，重油中的钒、镍等金属化合物对催化加工造成了很大的影响，极易使催化剂中毒失活，并无法再生。因此，不是所有的重油都能进行催化加工。

> **小贴士**
> 催化剂再生指使失活的催化剂恢复活性。

那么，为何必须对"四高"重油进行加工呢？全世界重油资源非常巨大，具有比常规原油资源高数倍至 10 余倍的巨大潜力。我国油田所产原油多数偏重，常规原油中渣油的产量约占原油产量的一半。随着我国经济的快速发展，对轻质油品及化学品、化工材料需求的大量增长，导致未来石油加工的主要对象将会是"四高"重油。对重油资源进行合理利用与开发将会把低价值的重油改造为经济价值更高的产品，具有更大的经济和社会意义。

1.5 为什么有的石油有难闻的臭味？

100 多年前的一个夏日傍晚，在瑞典斯德哥尔摩市的湖边林荫大道上，飘来了阵阵恶臭，就像腐烂的大蒜中掺杂着臭鸡蛋的味道，几乎要把人熏倒。这种臭气来自何方呢？原来，瑞典皇家科学院的化学实验室将一桶制造人造丝产生的废液倒进了湖中，这才弄得全市臭气熏天。那么，这桶废液里能够发出臭味的罪魁祸首是什么物质呢？它就是乙硫醇，一种小分子硫醇类化合物（图 1.10）。有的石油中也含有硫化氢及甲硫醇与乙硫醇等小分子硫醇类硫化物，石油难闻臭味的主要来源就是这些小分子硫醇。

在日常生活中，我们最熟悉的醇类是乙醇，具有一种醇香的气味。但石油中醇类含量较少，主要是醇分子结构中的氧原子被硫原子取代后的化合物，称为硫醇。硫醇大多具有挥发性，可散发出难闻的气味。如上面提到的乙硫醇就是一种常见的、无色透明的、易挥发的高毒油状液体，以具有强烈、持久且具刺激性的蒜臭味而闻名，同时它还是 2000 年版吉尼斯世界纪录中的最臭的物质。当空气中仅含五百亿分之一的乙硫醇时，其臭味就可被嗅到。当人体大量吸入时，会引起呼吸困难、血压降低，并会出现呕吐、喉咙不适等症状。

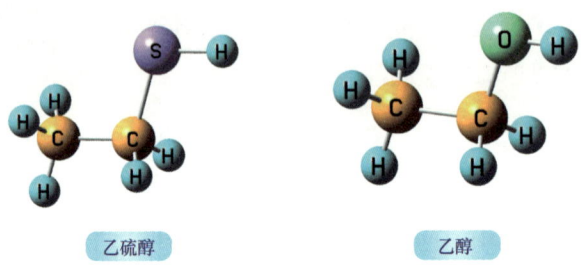

图 1.10　乙醇和乙硫醇的分子结构示意图

当然，硫醇也不是一无是处，人们巧妙地利用这种"臭名昭著"的含硫化合物作为警示剂之一，将其微量加入燃气之中，如煤气、天然气、液化石油气等，一旦燃气稍有泄漏，我们便会闻到一股特殊的臭味，从而警示大家进行检漏与维修，实现燃气的安全使用（图 1.11）。

图 1.11　利用乙硫醇的"臭味"判断燃气是否泄漏

另外，硫醇还可以作为臭味剂应用到国防军事上，作为一种化学类非致命战剂，主要针对人体嗅觉系统起作用。这种战剂主要是利用其散发出的恶臭气味来刺激人的嗅觉器官，产生恶心呕吐、呼吸困难、精神烦躁、不可忍耐的症状，从而使受体暂时失去反抗能力。

硫醇因其特殊的气味被大家所了解，这种具有特殊气味的物质具有两面性。当其存于油品中时，会造成油品的氧化安定性变差；当其用作燃气泄漏的警示剂时，可以及时保护人们的生命财产。因此，我们在厌恶硫醇难闻气味的同时，也要正视其应用价值。

> 小贴士
>
> 油品氧化安定性，即油品在贮存和使用过程中抵抗氧化作用的能力。

1.6 "作孽烦人"的镍和钒

目前，石油成因的"生物沉积变油学说"被广大学者所接受，该有机成因学说认为石油是远古的植物和动物尸体经过漫长的地质演化而形成的。支持这一学说的佐证是石油中生物标志物的发现，这些标志物的特殊分子结构，如卟啉类化合物与动物的血红素（图1.12）及植物的叶绿素分子结构（图1.13）类似。所有的绿色植物、原核的蓝绿藻（蓝菌）和真核的藻类都含有叶绿素，叶绿素为镁卟啉化合物，在植物的光合作用中发挥着不可替代的作用。同样，动物体内血红蛋

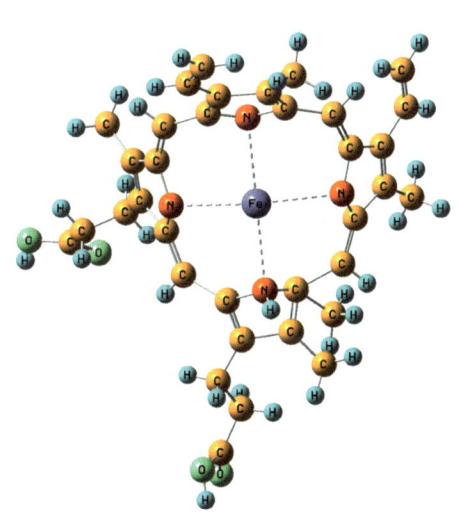

图1.12　血红素结构示意图

白中的重要组成部分血红素也是一种铁卟啉化合物，可以运载氧气，保证动物的正常呼吸。

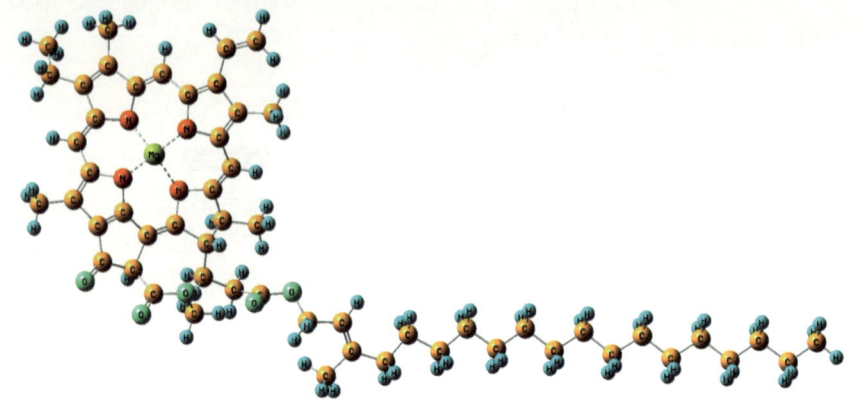

图 1.13　叶绿素结构示意图

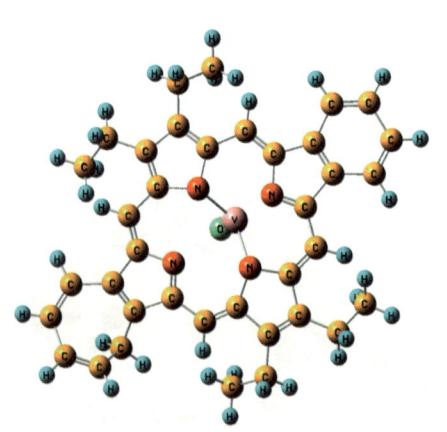

图 1.14　重油中检测到的钒卟啉分子结构示意图

早在 1934 年，德国著名科学家阿尔弗雷德·特莱布斯首次从石油中分离并鉴定出了钒卟啉化合物（图 1.14），证实了这种金属卟啉化合物广泛存在于各种石油和沥青中。在更加广泛深入研究之后，阿尔弗雷德·特莱布斯认为石油中的卟啉类化合物就是植物叶绿素或动物血红素降解的产物，进而提出了叶绿素、血红素向石油卟啉化合物转化的假说。1948 年，格博夫斯基等研究者在石油中鉴定出了镍卟啉化合物，这种生物与石油中有机组分的对比，直接为石油有机成因学说提供了重要证据。

依据现有分析检测技术，只能确定石油中的少量镍和钒是以卟啉类化合物的形式存在，大部分镍和钒的化合物的存在形式尚不明确，只能称为非卟啉类化合物。

石油中的微量金属元素大约有 45 种，为什么唯独镍和钒的存在会如此引人关注？

催化剂是石油化学加工的核心，在石油高效转化过程中发挥着关键作用。但镍和钒恰恰会对催化剂产生致命的毒害作用，主要表现在石油加工过程中，"作孽"的卟啉镍化合物分子结构被破坏后，脱出的金属镍以氧化物或硫化物形式沉积在催化剂上，堵塞催化剂孔道，毒化催化剂的活性中心，降低催化剂的性能，导致加工过程中高附加值汽油、柴油和煤油的收率和品质降低。而更加"烦人"的是，以氧化物或硫化物沉积的钒化合物有更强的酸性，会破坏催化剂的结构，导致催化剂永久失活。

比较幸运的是，金属镍和钒的化合物大多富集在渣油中。因此，在加工渣油时必须重视镍和钒化合物对催化剂的影响。而在重质燃料油的使用过程中，还要重视金属化合物（尤其是钒）对设备的腐蚀问题，特别是同时含有高浓度的钒和钠时，两者燃烧形成的产物会加快设备腐蚀速率。

> **小贴士**
> 燃料油专门用作锅炉以及轮船发动机的燃料。它和汽油、柴油一样都是用来燃烧的，属于石油产品中燃料一类。

1.7 石油能合成吗？

合成纤维、合成橡胶、合成塑料等化工材料极大地改善了人们的生产与生活，这些合成材料被应用到农业、制药、化工、医疗、电子等众多领域。化工材料可以合成，那么石油能合成吗？

首先让我们从油砂说起，油砂是一种重要的石油资源。从油砂中分离得到的外观酷似沥青的黏稠混合物，称为油砂沥青。油砂沥青通过适当加工得到的流动性良好的产物即为合成原油（Synthetic Crude Oil，SCO）（图 1.15）。

根据埋藏深度的不同，从油砂矿中开采油砂沥青的方式有以下两种：对于埋藏深度较浅的油砂矿，可以通过露天的方式进行开采，类似露天煤矿的开采；对于埋藏深度较深的油砂矿，可以通过钻井的方式进行开采，类似地下原油的开采。

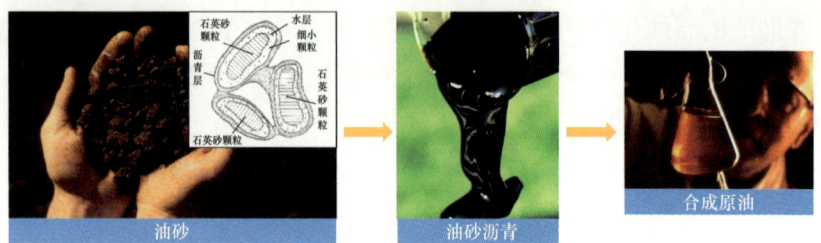

图 1.15　油砂、油砂沥青与合成原油示意图

表 1.1 中列出了典型油砂沥青的基础物性数据。与常规原油相比，油砂沥青中含有较多的大分子烃类化合物，以及含硫、氮、氧及金属的非烃化合物，具有密度高、黏度高、金属含量高等特点，与常规原油的性质和组成均有着较大差别。

表 1.1　典型油砂沥青与常规原油物性对比情况

项目	典型油砂沥青	大庆原油	胜利原油
密度（20℃）/（克/厘米^3）	1.0105	0.8554	0.9005
运动黏度（80℃）/（毫米^2/秒）	769	20	334
残炭值/%（质量分数）	14.5	2.9	6.4
酸值（以 KOH 计）/（毫克/克）	3.92	0.05	1.08
硫含量/%（质量分数）	5.07	0.10	0.80
庚烷沥青质/%（质量分数）	11	0	<1
镍含量/（微克/克）	82	3.1	26.0
钒含量/（微克/克）	203	0.04	1.6

钻井开采所得油砂沥青的黏度较低，掺兑少量轻烃就能有良好的流动性，可以进行管道输送。但是，露天开采的油砂沥青黏度很高，性质较差，不能进行管道输送，需要将其加工成为黏度较低的合成原油。油砂沥青经过蒸馏、焦化、加氢等工艺过程得到合成原油（图 1.16）。图 1.17 显示了合成

原油与常规原油馏分组成与性质对比情况。从馏分组成来看,合成原油和常规原油也有较大的差别。常规原油含有一定量的减压渣油,而合成原油中几乎不含减压渣油。对于蒸馏得到的石脑油、喷气燃料、柴油和减压馏分,合成原油相应馏分中的芳香烃含量较高,表现为烟点、十六烷值和特性因数 K 值偏低。相对来说,合成原油与环烷基原油的性质较为接近。

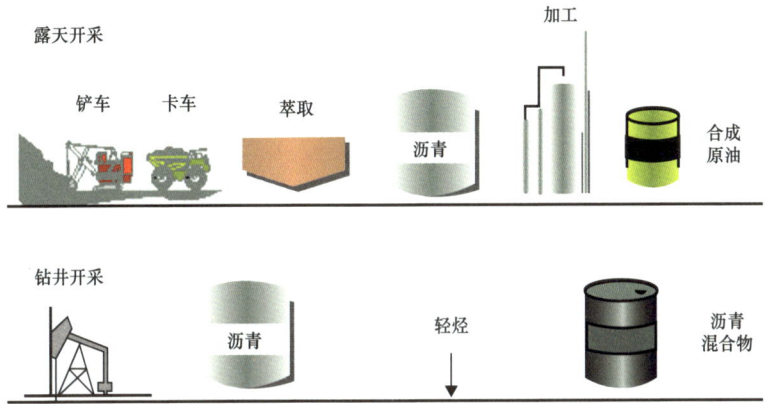

图 1.16　油砂沥青开采及后续加工示意图

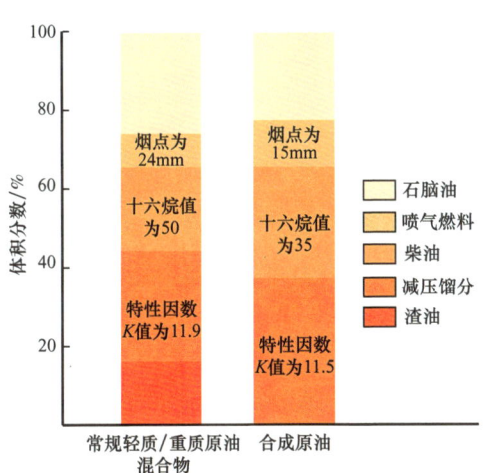

图 1.17　合成原油与常规原油馏分组成与性质对比情况

> **小贴士**
>
> 烟点又称无烟火焰高度,指油料在一标准灯具内,于规定条件下进行点灯试验,所能达到的无烟火焰的最大高度,单位为毫米。
> 十六烷值是衡量燃料在压燃式发动机中发火性能的指标。十六烷值高,表明该燃料在柴油机中发火性能好,滞燃期短,燃烧均匀且完全,发动机工作平稳。十六烷值低,则表明燃料发火困难,滞燃期长,发动机工作状态粗暴。
> 特性因数 K 值,是油品平均沸点和相对密度的函数,$K=\dfrac{1.216 \cdot T^{\frac{1}{3}}}{d_{15.6}^{15.6}}$。

二　巧夺天工的加工工艺

　　石油是宝贵的资源，我们平时的衣食住行都离不开石油。那么石油是怎么变成我们需要的产品呢？这就离不开巧夺天工的石油加工工艺。石油加工包括一次加工过程和二次加工过程，它们分别指的是什么？能生产什么样的产品？有什么样的特点？就让我们跟随油博士进入各个加工工艺过程，探寻它们的魅力吧。

巧夺天工的
加工工艺视频

2.1 原油是怎样加工的？

19世纪中叶，人们就开始用蒸馏的方法来处理原油，但是当时主要是为了取得一些煤油来点灯照明。从历史发展的角度来看，石油加工工业与汽车工业像是比翼齐飞的亲密伴侣。汽车工业的不断发展对石油产品的数量和质量提出更多、更高的要求，这促使石油加工工业迅速发展和不断创新。

> **小贴士**
> 辛烷值是汽油最重要的指标，反映了汽油的燃烧性能，汽油的商品牌号就是其辛烷值，如92号汽油指的是汽油的研究法辛烷值不低于92。

就拿汽油来说，仅从原油中用蒸馏的方法得到的汽油（直馏汽油），不仅在数量上满足不了汽车工业发展的要求，在质量上也无法符合要求。例如，直馏汽油中烷烃和环烷烃含量较高，辛烷值较低。因而，石油的化学加工便应运而生，这就意味着要改变石油的分子结构，这样既可以提高汽油的质量，又可以增加汽油的产量。

最早的化学加工方法是20世纪初在美国出现的热裂化，它利用石油中较大分子在较高温度下会分解为较小分子的特点，生产出热裂化汽油。与直馏汽油相比，热裂化汽油不但数量更多，而且质量较好。但是，随着汽车发动机压缩比的提高，对汽油提出了更高的要求，就连热裂化汽油也无法满足。因此，一种具有极强生命力的、采用催化剂的新加工方法异军突起，并且逐渐成为石油加工舞台上的主角。20世纪30年代出现了催化裂化，很快实现了工业化。由于催化裂化汽油的质量远优于热裂化汽油，催化裂化就逐渐取代热裂化成为生产汽油的主要手段。之后，随着炼油技术大发展，加氢裂化、加氢精制、催化重整等催化加工方法也都成了石油加工舞台上的璀璨群星。

当代石油加工的典型流程（图2.1）如下：

首先原油经过脱盐脱水预处理进入常压蒸馏塔中进行分离，得到常压馏分油，如汽油馏分（也称石脑油）、煤油馏分、柴油馏分和塔底的常压渣油；常压渣油则进入减压蒸馏塔经过减压蒸馏得到减压馏分和塔底的减压渣油。以上过程称为原油的常减压蒸馏，也称为原油的一次加工，是原油加工的"龙头"。

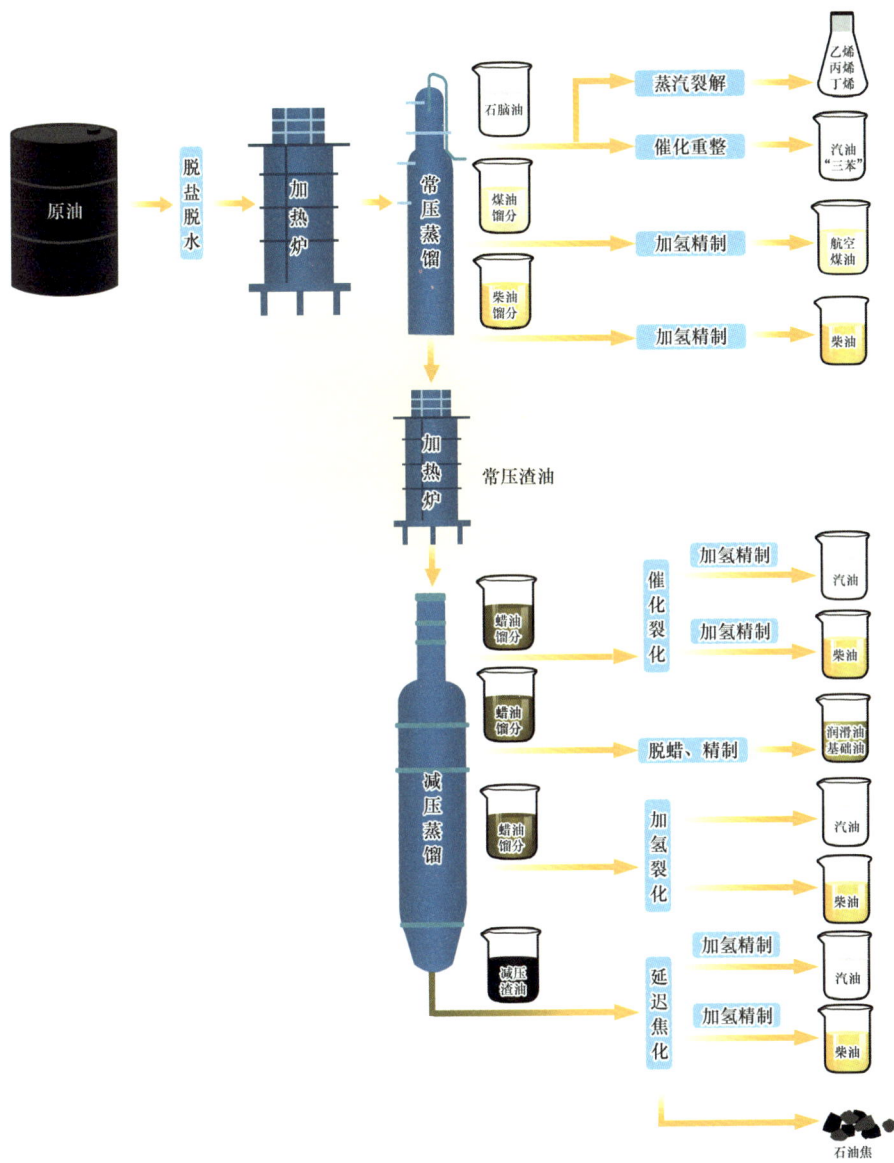

图 2.1　石油加工工艺过程示意图

原油通过常减压蒸馏得到不同的馏分油，不同的馏分油再根据其特性不同分别进行二次加工。如石脑油用作催化重整和蒸汽裂解的原料；减压馏分油用作催化裂化、加氢裂化的原料，或用来生产润滑油基础油；而减压渣油是原油中最重的那部分,用作延迟焦化、溶剂脱沥青、加氢转化等的原料。二次加工过程的目的是将重质油品轻质化以提高汽柴油收率和质量。

2.2 原油在不同炼油厂中经历的加工程序一样吗?

原油的性质不同,加工方案不同,也可以生产不同的石油产品。原油加工方案的基本内容就是根据原油性质,确定采用何种加工方式,生产什么样的石油产品。原油加工方案的制订需要根据诸多影响因素来综合判断,如当前及未来的市场需求、经济效益、投资规模以及可获得原油的特性。

从理论上来说,任何一种原油经过不同的加工过程都可以生产出相同的产品,但是不同的原油在不同的加工过程中所消耗的能量是不一样的。为了最大限度地节约能源,就需要根据原油的特性来选择合理的加工路线,从而有效降低能耗。因此,不同的原油需要经过不同的加工程序才能最经济地得到我们想要的产品。根据特定原料选定特定的加工方法,进行分质分炼,能够极大限度地提升原油加工的效益。

煎炒烹炸的做饭方式需要根据我们所使用的不同食材特性来确定,同样,原油加工方案也需要根据所用原油的综合特性来确定。根据目标产品的

不同，原油加工方案基本上可以分为四种不同的类型。

燃料型。这种加工方案主要用来生产燃料。燃料包括在天空中飞行的飞机使用的航空燃料、在陆地上行驶的汽车使用的汽油、在高速公路上运输货物的大卡车使用的柴油、在大海上航行的轮船使用的燃料油。

燃料—润滑油型。这是一种同时生产燃料和润滑油产品的加工方案。原油通过常减压蒸馏得到的减压馏分油和减压渣油，除了可以用来生产燃料，还可以被用来制成一系列的润滑油产品。润滑油产品可以用在有机械摩擦的部位，如在齿轮上涂抹润滑油，可以有效减少齿轮之间的摩擦，延长齿轮的使用寿命。

燃料—化工型。这种加工方案不仅生产各种燃料产品，还生产一些特定的化工原料，如"三烯"（乙烯、丙烯、丁二烯）、"三苯"（苯、甲苯、二甲苯）、乙二醇等化工原料，以及合成树脂、合成橡胶、合成纤维等化工产品。车辆轮胎、矿泉水塑料瓶、电源插线板等就是一些常见的化工产品。

化工型。这种加工方案是以最大量生产化工原料和化工产品为目标，燃料产品的比例很低。在碳达峰碳中和背景下，"多产化工原料和化工产品、少产燃料"的模式越来越受到关注。因此，发展燃料—化工型或化工型的加工方案，可以充分利用宝贵的石油资源来生产各种类型的材料，是石油加工未来的发展方向。

中国第一座千万吨级炼油厂——茂名石化
（茂名石化提供）

2.3 加工原油的"四大宝器"

食材要经过煎、炸、炒、煮等程序的加工才能上餐桌供我们享用。同样，原油需要经过不同程序的加工才能生产出各种各样的产品，为我们的生活提供便利。无论是在烹饪还是在石油加工过程中，都少不了用到工具，我们熟悉的烹饪过程中用到的工具主要有刀、锅、灶等，那么加工原油需要用到什么工具呢？原油加工过程中有加热炉、蒸馏塔、机泵和反应器"四大宝器"，让我们一起来认识认识吧。

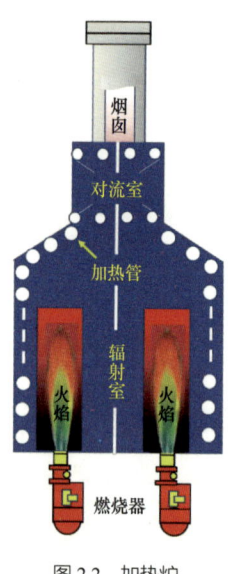

图 2.2 加热炉

加热炉。石油加工过程大多需要在高温下进行，有时要高达 500℃以上，甚至 1000℃左右。如同烹饪时用到的炉灶一样，加热炉的作用是将原料加热到一定温度以便实现原料中组分的分离和转化。加热炉大都由燃烧器（火嘴）、对流室、辐射室、烟囱四部分组成（图 2.2），是炼油厂中重要的加热设备，因此在炼油厂区中经常看到很多炉子的烟囱。加热炉中布满各种垂直或水平、能耐高温的合金管路，管子里流着各种油料。炉子底部或者侧边会装有燃烧器，燃烧器会通过燃烧炼油厂中的副产燃气和燃料油喷出高达上千摄氏度的熊熊烈火，燃烧产生的热量加热管子里流动着的油料。同时为了提高能源利用率，还会尽量回收燃烧产生的高温废气中的热量。

蒸馏塔。蒸馏塔是炼油界的"大神"。蒸馏是利用组分沸点差异将组分分离开，不仅原油需要蒸馏以获得不同的馏分，而且馏分在后续的化学转化加工中得到的反应混合物也需要利用蒸馏塔来实现目标产物的分离。从外观上看，蒸馏塔有的高达上百米，像宝塔一样高耸入云；有的是直径不到 1 米的"细高个"，有的则是直径达 10 米以上的"大胖子"。但是它们的肚子里可是"五脏六腑"样样全，有的塔里装满了形状各异的填料（称为填料塔），有的则像宝塔一样分成了许多层，每一层又安装有一排排形式不同的构件（称为板式塔）。蒸馏时温度较低的液体由上而下流动，温度较高的蒸气则从下往上升腾。通过气液之间的反复接触，气相中的轻组分和液相中的重组分都不断得到提浓，最终从塔顶流出的是较轻的组分（低沸点组分），而塔底流出的则是较重的组分（高沸点组分）（图 2.3）。

机泵。进入炼油厂后往往会看到密密麻麻像蜘蛛网一样的管线，里面流动着各种各样的液体或气体，是炼油厂中的"血管"。人体的血液流通借助

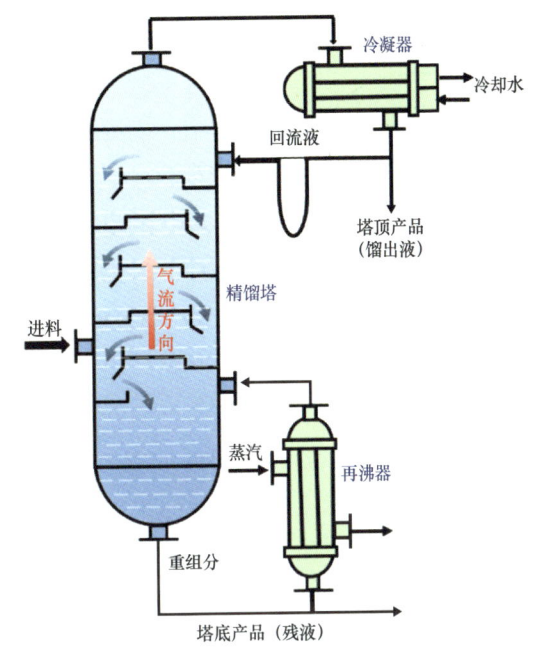

图 2.3 蒸馏塔

的是心脏收缩产生的动力。那么，为了使管路中的流体流动起来，必须要用到炼油厂中的动力装置——机泵。所谓"机"，主要指压缩机，用它能使常压下或低压下的气体提高压力并实现输送。对于"泵"，我们并不生疏，在炼油厂中用到最多的不是水泵而是油泵，其中有的还是热油泵，需要输送的液体温度甚至高达 400 ℃ 以上。油泵根据工作原理分为多种形式，最常见的是离心泵（图 2.4）和往复泵。

图 2.4 离心泵

图 2.5 固定床反应器

反应器。由常减压蒸馏初步分离得到的石油馏分往往达不到向市场销售的产品标准或者是不能直接进行利用,需要将馏分油进一步通过化学反应,得到合格的石油产品或化工原料,这便要用到炼油厂中"心灵手巧"的反应器。反应器中通常会装填各种各样的催化剂,借助这些催化剂可以将原料油按照加工需求进行分子剪裁,重新构建成新分子,转化成为多种多样的产品。根据不同的反应需求,会有多种类型的反应器,有催化剂在反应器内固定不动的固定床反应器(图 2.5)、催化剂处于快速运动状态的流化床反应器、催化剂处于缓慢移动状态的移动床反应器等。由于反应往往需要在高温和(或)高压下进行,一般情况下反应器大多是用特殊的合金钢材料制成的耐高温高压设备。反应器必须由具有相当资质的单位来设计和制造,不然无法保证生产安全。

当然,炼油厂中不仅需要"四大宝器",还需要换热器、冷凝器,以及检测和控制等其他辅助设备,这些在生产过程中都是必不可少的。

2.4 原油中有盐，装置不喜欢怎么办？

原油中含有氯化钠、氯化钙、氯化镁等盐类，这些盐类化合物的存在会造成设备腐蚀与积垢，严重影响石油加工装置的安全、稳定与长周期生产。因此，原油在进入常减压蒸馏装置加工之前需先经过一道预处理工序——脱盐脱水。要想有效除去原油中的盐类，需要首先了解一下原油中盐类的性质，才能够对症下药，找到合适的方法将其去除。

原油中的盐主要有钠、钙、镁等金属的氯盐、碳酸盐、硫酸盐等，它们大部分是水溶性的，只有一小部分含钙的盐是不溶于水的。其中，氯盐是造成设备腐蚀的主要因素之一，碳酸盐和硫酸盐则会导致装置结垢，类似于日常生活中热水壶中的水垢。由于原油中水溶性盐居多，盐可以溶解在水中，除盐的过程其实就是脱水的过程，因此在石油加工中将这一过程统称为脱盐脱水。

那么，脱盐脱水会用到什么原理和工艺呢？

从油田开采得到的原油密度高、黏度大，溶解有盐的水以微小液滴的形式分散在原油中，是稳定性极高的一种油包水型乳状液。要想将这个稳定的乳化状态打破，就需要增加油水两相的密度差并降低原油的黏度。

> **小贴士**
> 乳状液是一种液体以小液滴形式分散在与它不相混溶的另一种液体中而形成的分散体系。
>
> 油包水型指油是连续相，水是分散相。

提高温度可以降低原油的黏度，而且由于水的密度随温度升高而下降的幅度比原油密度变化小，可以增加两相的密度差；而借助于加入破乳剂、施加高压电场等，则可以强化分散在原油中的微小水滴聚集成大水滴，进一步增加它们分离的推动力（图2.6）。

常用的脱盐脱水过程是首先向原油中注入部分新鲜水，以溶解原油中的结晶盐类，并稀释原有盐水，形成新的乳状液；然后在一定温度、压力和破乳剂及高压电场作用下，使微小的水滴聚集成较大水滴，因密度差别，借助重力使水滴从油中沉降、分离，达到脱盐脱水的目的。这一过程称为电脱盐脱水，简称电脱盐。

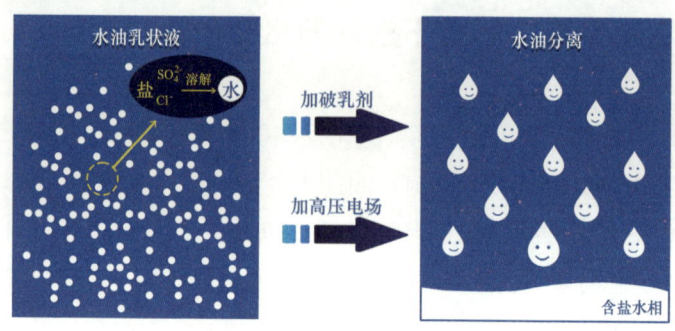

图 2.6 水油分离原理图

目前，炼油厂中原油的脱盐脱水大多采用二级电脱盐工艺（图 2.7）。原油通过原油泵从罐区送入装置，注入破乳剂，并利用高温物料余热将温度升高到 120～140℃，注入去离子水，经过混合阀，进入一级脱盐罐，将一部分盐脱除产生一级污水。接着再进行一次加破乳剂、去离子水混合、脱盐，也就是二级脱盐。在一级脱盐过程中已经将大部分的可溶性盐除去，因此二级脱盐后产生的二级污水中盐含量大大降低，为了节水减排，二级污水往往会注入一级脱盐罐回用。为了减少原油中的水在高温下蒸发，影响脱盐效果，电脱盐装置需要在一定的压力下操作。

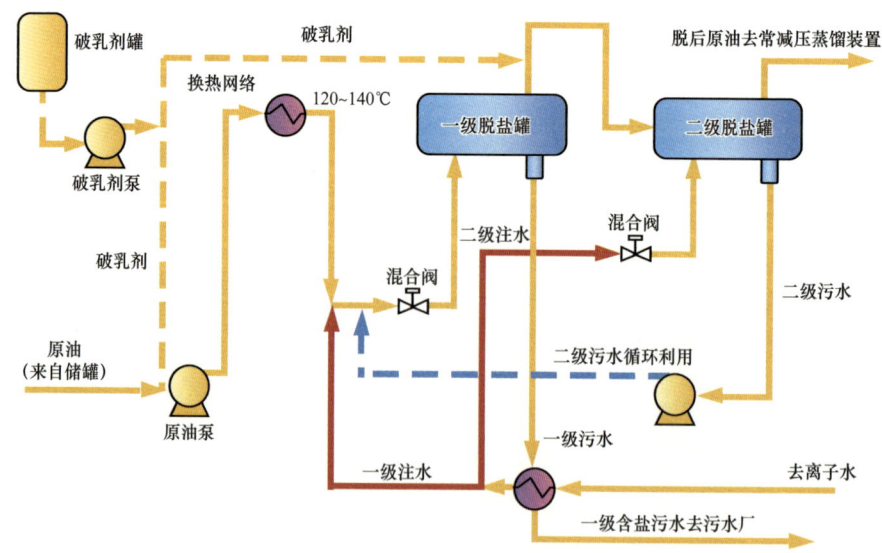

图 2.7 二级电脱盐工艺流程

2.5 原油加工的"龙头"——蒸馏

蒸馏是炼油过程中采用最多的分离方法，原油加工过程的第一步就是蒸馏。蒸馏是从原油到石油产品的开始步骤，号称原油加工的"龙头"。日常生活中，当我们把水加热到100℃时，水就开始沸腾，这就是水在一个大气压下的沸点，这个温度下液态的水汽化变为水蒸气。而所有的物质在一定的压力下都有其相应的沸点，化合物的分子结构决定了沸点的高低，一般来说，对于化学结构相似的化合物，分子量大的沸点高，分子量小的则沸点低。因此，可以利用沸点的不同，通过加热的方式将两种不同沸点的物质进行分离。

原油蒸馏就是把原油加热切割成不同沸点范围（沸程）的馏分油（图2.8）。将原油在常压下直接加热，首先汽化馏出的是沸点在200℃以下

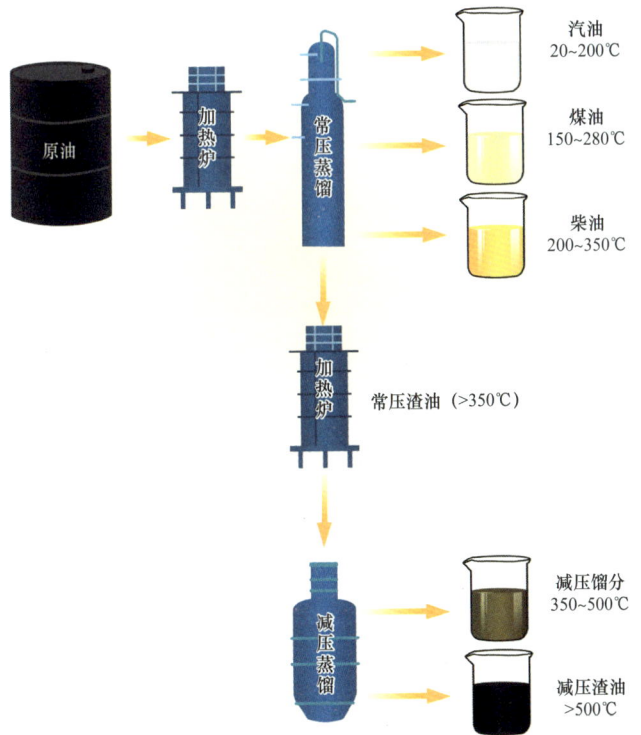

图2.8 原油蒸馏示意图

的最轻的馏分，称为汽油或者石脑油；随后是 200~350℃ 之间的馏分，称为柴油；高于 350℃ 的部分在常压下不能汽化，称为常压渣油或常压重油。煤油相当于重汽油和轻柴油的混合馏分，沸点范围一般为 150~280℃。

然而，在常压下当加热温度超过 350℃ 时，原油中的有些成分会开始发生分解，温度太高还会产生像锅巴一样的焦炭，这种现象称为结焦。为了抑制结焦，原油在常压下的蒸馏温度一般不超过 350℃。但 350~500℃ 的馏分是生产润滑油或轻质油品的重要原料，也需要从常压渣油中分离出来。那么，对于沸点高于 350℃ 以上的部分该怎么办呢？科学家们发现，当周围环境压力降低时，物质的沸点也会降低。没有了压力的束缚，自由自在的分子们更容易变成气体了。因此，炼油厂里一般采用降低压力的方式分离沸点比较高的馏分，即减压蒸馏。一般减压蒸馏时的压力只有大气压力的几十分之一，石油里各种成分的沸点会显著降低，这样就可以在基本不结焦的温度下，从常压渣油中蒸馏出一些馏分。此时，蒸馏出来的产物就称为减压馏分或减压蜡油，减压蒸馏剩下的残渣便称为减压渣油。

原油蒸馏是在常压塔和减压塔内完成的。一般情况下，减压塔比常压塔的直径大很多，这是因为减压条件下塔内气相的体积流量大大增加。

2.6　说说蒸馏产物及其用途

石油炼制加工的目的就是从组成极其复杂的石油中提炼出多种多样的燃料、溶剂油、润滑油和其他石油化工产品，加工龙头是原油蒸馏，即通过常减压蒸馏把原油进行初步分离得到不同的馏分，然后按照油品的使用要求对石油馏分进行改质或进一步加工，进而获得合格的石油产品。那么原油蒸馏的产物都有哪些呢？它们各自的作用又有哪些不同呢？

原油经过常减压蒸馏得到的产物主要有石油气、汽油、煤油、柴油、减压蜡油及减压渣油。一般来说，通过馏出温度的不同对原油蒸馏的产物进行分类，沸点在 20℃以下的最轻馏分称为石油气，主要由乙烷、丙烷和丁烷等组成。石油气作为一种化工基本原料，可以作为蒸汽裂解的原料，反应产物经过分离得到乙烯、丙烯、丁烯、丁二烯等有机化工基础原料，用来生产合成树脂、合成橡胶、合成纤维及生产医药、炸药、染料等产品。其中的丙烷和丁烷属于液化石油气组分，液化石油气具有热值高、无烟尘、无炭渣、操作使用方便的特点，作为燃料也曾经广泛地进入人们的生活领域。

20～200℃的液体馏分为汽油馏分，其中，20～80℃的馏分经精制后可以直接作为成品汽油的调和组分或作为异构化的原料，60～145℃的馏分可作为生产芳香烃（苯、甲苯、二甲苯等）的催化重整原料，80～180℃的馏分可作为生产高辛烷值汽油的催化重整原料。汽油馏分（石脑油）还是蒸汽裂解生产"三烯"（乙烯、丙烯、丁二烯）并副产"三苯"（苯、甲苯、二甲苯）的重要原料。此外，汽油馏分还可以进一步分离、精制，生产工业上用途广泛的各种溶剂油，用于油漆、油脂、橡胶、涂料、香精工业和仪器、仪表清洗等。

200～350℃的馏分称为柴油馏分，这部分产物的最主要用途是作为车辆、船舶等柴油发动机的燃料。

沸点范围处于汽油馏分和柴油馏分重叠部分的馏分称为煤油(150～280℃)，精制后主要用于喷气式发动机的燃料，也可用作机械零部件的洗涤剂、橡胶和制药工业的溶剂、油墨稀释剂、蒸汽裂解原料，以及玻璃陶瓷工业、铝板碾轧、金属工件表面化学热处理等的工艺用油。

350～500℃的减压蜡油大部分用作催化裂化、加氢裂化等轻质化过程的原料，少部分用于生产润滑油的原料和船用燃料油。

500℃以上的减压渣油可以作为重油轻质化如焦化、减黏裂化、溶剂脱沥青、加氢处理等的原料、生产重质润滑油的原料和船用重质燃料油，也可以用于生产沥青产品，满足高速道路沥青或防水材料的要求。

2.7 原油加工中的二次加工过程

原油经过常减压蒸馏被切割成汽油、煤油、柴油、减压蜡油和减压渣油，只是原油的初步加工，也就是原油的"一次加工"。但是一次加工得到的馏分油往往并不能满足商品产品的质量标准要求，不能被人们直接使用。以汽油为例，从原油中用蒸馏的方法得到的汽油馏分，往往辛烷值偏低、硫含量偏高，不仅在质量上无法满足越来越高的汽油质量要求，在数量上也远远满足不了汽车工业发展的需要。因而，常减压蒸馏所得各种馏分，将进入更加复杂的后续加工过程，也就是原油的"二次加工"。

从分子结构的变化来看，原油的二次加工过程分成三类：一是大分子裂解成小分子，一般称为重油轻质化；二是小分子变成大分子，如生产高辛烷值汽油组分的过程；三是分子结构变化、分子大小基本不变，如产品精制和催化重整等过程（图2.9）。

重油轻质化属于化学加工过程，是通过化学反应把较大的油品分子转化成较小的分子，可以增加轻质油的产率，如催化裂化、加氢裂化和延迟焦化等过程。重油轻质化是重要的石油加工过程。

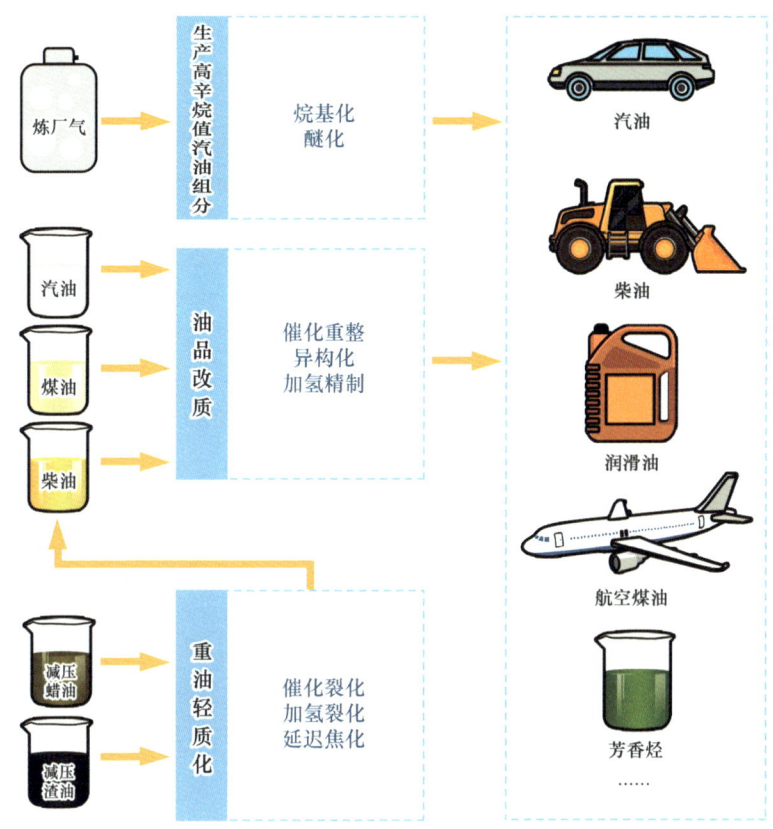

图 2.9　原油二次加工示意图

生产高辛烷值汽油组分是化学加工过程,是把原油加工过程中得到的小分子的烃类气体合成大分子的液体烃类,得到高辛烷值的汽油组分,如烷基化、醚化等加工过程。这也是炼厂气体加工利用的有效途径,并且提高了气体的利用价值。

油品精制或油品改质,是脱除油品中的硫、氮、氧等杂质,生产清洁油品,如汽油、柴油中的硫含量、酸值等不合格,可以通过加氢精制等过程脱硫、脱酸,使汽油、柴油达到质量指标要求。此外,直馏汽油辛烷值很低,达不到汽油辛烷值要求,需要通过催化重整过程使分子重构来提高汽油馏分辛烷值。

2.8 神奇的催化剂

瑞典化学家琼斯·雅科比·柏齐利阿斯有次在喝葡萄酒时，不小心将手中的"黑色粉末"掉进了酒中，结果甜甜的酒变酸

> **小贴士**
> 琼斯·雅科比·柏齐利阿斯（Jons Jakob Berzelius），1779—1848年，瑞典化学家，现代化学命名体系的建立者，被称为"有机化学之父"。

了。原来，红色的葡萄酒变成醋酸，是粉末作的"怪"。它能使乙醇（酒精）与空气中的氧气发生化学反应，从而生成醋酸。这里的"黑色粉末"起了催化作用，就这样，"催化剂"被发明了。

几千年来，人们用来发面或者酿酒的酵母就属于酶，酶属于生物催化剂，生物体也可以利用酶加速体内的化学反应，如果缺少酶，生物体内的许多化学反应就会进行得很缓慢。

化学领域是如何定义催化剂的？能改变化学反应速率而不改变化学平衡，且本身的质量和化学性质在化学反应前后都没有发生改变的物质称为催化剂。我们知道，化肥的主要成分氨就是由氢原子和氮原子组成，当把氢气和氮气混合在一起时，不管用多高温度、多大压力，即使经历很长时间，也不会变出多少氨出来；但是在一定条件下与一种以铁为主要成分的物质接触后，它们很快就能生成氨。这种以铁为主要成分的物质就是催化剂。毫不夸张地说，大多数石油炼制与化工过程甚至日常生活都离不开催化剂，石油炼制与化工技术的进展几乎都是得益于新型高效催化剂的问世。

在工业上，催化剂的作用通常都是降低化学反应的活化能，提高反应速率，让反应可以快速进行。如图2.10所示，汽车想从A点到达B点，方式有两种：一种是通过山路，从山底A点先爬到山顶C点，再到达B点，这种方式虽然可以从A点到达B点，但是消耗的能量和时间都会很多；另一种方式是从山体内打通一条隧道，这样就可以直接从A点到达B点。毫无疑问，后一种方式更加有效率，而催化剂的作用就是给汽车提供一条捷径。

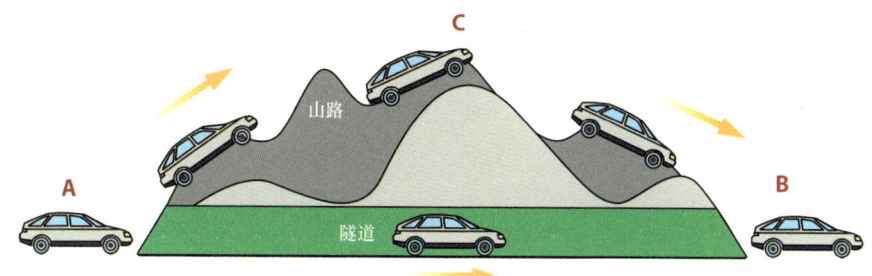

图 2.10　催化剂找到从反应物到产物的低能路径

催化剂可是个大家族，种类很多，催化剂的颗粒大小形状也是多种多样（图 2.11），它们应用在各种反应体系中，石油炼制过程中的裂化、加氢、脱氢、重整、烷基化、异构化等都会用到不同的催化剂。

图 2.11　石油工业使用的各种催化剂

催化剂主要由活性组分、载体和助剂三部分组成。活性组分可以由一种或多种物质组成，是催化剂的主要成分，主要提供化学活性；载体主要是活性组分的分散剂、黏合剂或支撑体；助剂主要是催化剂的辅助成分，占比很小，但是可以改变催化剂的化学组成、机械强度等，从而提高催化剂的活性、选择性和稳定性等。

接下来，我们简单地用几句话总结下催化剂的作用、原理及组成：

　　　　催化剂呀催化剂，石油化工好兄弟；
　　　　改变道路走捷径，降低反应活化能；

加快速率多生产，提升产量效益好；
它的组成分三份，各司其职功能显；
活性组分首先选，催化效能由它现；
载体就像承重墙，支撑作用它最强；
助剂虽然量很少，但是作用真不小！

2.9 分子可以过筛吗？

日常生产生活中，渔民打鱼要用渔网、厨房里捞饺子要用笊篱、建筑工地上筛沙子要用铁筛子等，这些物品都具有能够将大小不同的物质分离开的功能，我们通常把它们统称为筛子。那么，在神奇的化学世界里是否也存在一种类似"筛子"的物质，能够将大小不同的分子快速区分开来呢？答案是肯定的，它就是分子筛（图 2.12）。

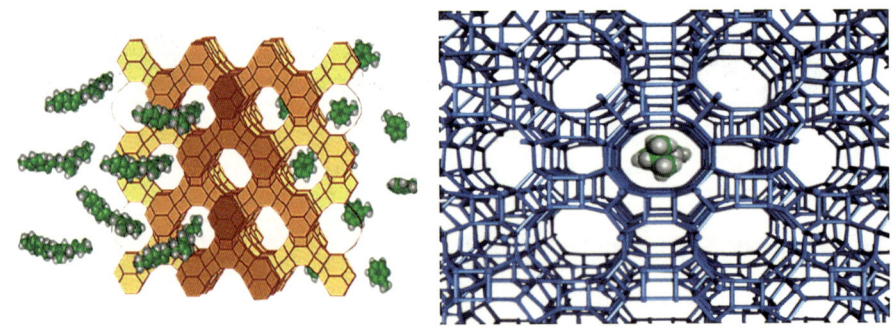

图 2.12 分子筛对物质分子的筛分功能示意图

分子筛是可以在分子水平上筛分物质的多孔材料，它还有其他名字——沸石、晶体铝硅酸盐、沸石分子筛。分子筛内成千上万的孔使得它拥有的表面积非常大。试想一克分子筛只有一颗小糖果那么大，但如果把它内部所有的孔都铺展开来，里面的孔表面积却能达到 300~1000 平方米，远大于一般户型的公寓面积，相当于一个小型的别墅，是不是让人感到非常惊叹呢？

分子筛是晶体，它包含三种不同的结构层次。我们可以把它看作一个益智类的拼装玩具，第一层的结构单元 TO_4 四面体是分子筛中最小的一个零件。相邻的 TO_4 四面体通过氧桥（一个 O 原子两头分别连接一个 T 原子）连接在一起，形成一个闭合的氧环，也就是分子筛的第二结构层次。最后，如果把这些氧环看作几何图形中的多边形，那么四个及以上的多边形通过氧桥进一步连接就会形成三维结构的多面体，这是分子筛结构的第三层次。值得说明的是，多面体大多是中空的，这些中空结构被称为笼或空腔。不同的多面体再相互连接就构成了不同类型分子筛的骨架结构。假如分子筛是一幢新楼房，那么到这一步，我们相当于已经用钢材搭建好了房子的脊梁和基本构架。由于骨架中会产生不同的连接和组合方式，因此可以构架组建的分子筛数目众多。现阶段最常用的分子筛主要有 A 型分子筛、Y 型分子筛、ZSM-5 分子筛、丝光沸石等。这些分子筛具有不同结构和性能，且它们的孔道形状和大小也有很大差别（图 2.13）。以最为常见的分子筛为例，A 型分子筛的孔径为 0.4 纳米左右，而 Y 型分子筛的孔径则要大近一倍，约为 0.74 纳米。

> **小贴士**
> TO_4 四面体指的是四个氧原子共用一个顶点 T 原子的四面体，T 原子通常指 Si、Al 或 P 原子，在少数情况下是其他原子。

通过上面的阐述，我们已经对分子筛的结构特点有了一定了解，它的晶体内部密布着细微的孔道和空腔，可以将其比喻成蜂巢，但实际又比蜂巢的情况要复杂得多。它又是如何实现筛分的呢？从现在起，我们暂且可以把分子筛看作拥有无数房间的"超级旅馆"，能根据"旅居者"（分子和离子）的高矮胖瘦以及嗜好的不同选择自动开门或拒绝其入住，它们绝不会让"胖子"进入"瘦子"的房间。能够办理入住的"旅居者"，即直径小于孔径的分子，会通过孔道被吸附到空腔的内部，参与下一步的反应，而被拒绝的分子和离子也只能"望筛兴叹"，这也就是所谓的"筛分"作用。

前面说的是分子筛对分子的大小和形状的选择性。但是，假如有几种分子都可以通过孔道，那就会涉及另一方面——选择性，也就是存在"竞争上岗"的问题。凡是与分子筛亲和力强的分子就会在竞争中占优势，它们更容易吸附于分子筛中，留在空穴内，而其他的分子只能退避三舍。如同一种独特的会员机制，"超级旅馆"会优先为跟分子筛更为亲和的极性分子和不饱和分子等办理入住，因此能把极性程度不同、饱和程度不同、分子大小不同的分子分离开来。

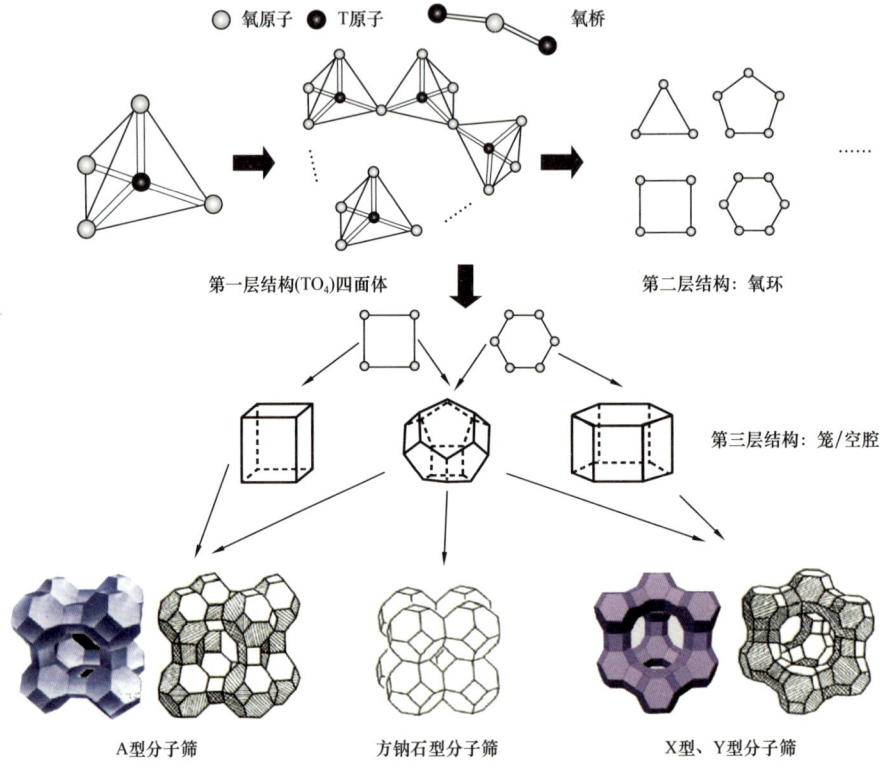

图 2.13　分子筛组成结构示意图

利用分子筛对一些杂质和水的亲和力较强的性质，人们可以除去氢气中的杂质而大大提高它的纯度，也可以用来降低空气中的湿度。除此之外，分子筛还可以用作各种催化剂的载体，如加氢裂化的催化剂就是把镍、钼、钨等金属负载在分子筛上而制成的。目前，国内外对于分子筛的研究方兴未艾，新型的分子筛层出不穷，它们各有"过人"的本领，前景十分广阔。

2.10 固体催化剂能流动吗？

生活经验告诉我们，在自然界中能够流动的往往是气体和液体，空气流动形成了风，水流动形成了河流。固体移动往往需要搭乘其他流体的"便车"，如在风的裹挟下沙石可以"流动"成百上千公里。从非洲出发的沙砾，甚至可以跨越大西洋，到达美国。

在石油炼制与化工生产过程中需要催化剂的辅助，大部分的催化剂是固体，我们需要让固体催化剂"流动"起来，便于其储存、装卸和使用。和自然界中的沙尘暴一样，工程师们往往也会借助流动的气体或液体来实现固体催化剂的"流动"，这种现象被称为固体催化剂的流态化，而能够让固体催化剂流化的设备则被称为流化床反应器。

以气固流化床反应器为例，其结构并不复杂，主要结构就是在一个圆筒内安装上有许多微小圆孔的筛板，在其上堆积一些催化剂。气体首先从流化床反应器的底部进入并经过气体分布器进行分布，随后通过作为催化剂支撑板的多孔筛板，自下而上通过催化剂堆积而形成的床层，最后从流化床反应器的顶部离开。当气体的流速比较小时，催化剂颗粒处于紧密堆积状态，即处于固定床状态；随着气体流速逐渐增大，床层开始悬浮起来，催化剂颗粒在一定范围内无规则运动，即固体颗粒开始流化；之后继续增大气流的流速，床层已经无法维持，固体颗粒开始被气流带离流化床反应器，这一阶段被称为颗粒输送状态（图 2.14）。流化床具有浓度与温度分布均匀、反应物停留时间短、可实现固体颗粒的输送与循环等优点。

由于流化床中反应物具有混合均匀、短暂停留的特点，其特别适合那些对温度、压力敏感，而且需要不断地对催化剂进行再生的反应。石油的催化裂化就是经典的案例，在炼油工业中，当原料油的分子较大、沸点较高时，通过催化裂化反应让较大的石油分子断裂，从而得到小分子的产品，这一过程被称为催化裂化。但是石油分子比较"娇气"，反应温度高了、时间长了都会影响分子的裂化过程，导致目标产品的收率降低。而且，在催化裂化反应过程中，少量石油分子会缩合变成焦炭，包裹在催化剂的表面，阻止了催化剂活性中心和石油分子继续"见面"接触，所以必须把这些焦炭烧掉，催化剂才能继续使用，这一过程称为催化剂的烧焦再生。

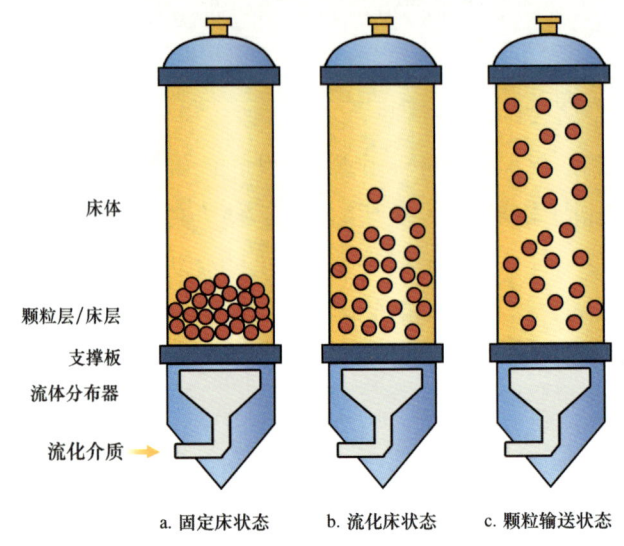

图 2.14　处于不同操作状态的流化床

催化裂化反应最初使用的是固定床反应器，然而催化剂在固定床反应器内失活的速率实在是太快了，每反应一段时间不得不停下来去除催化剂表面上的积炭，频繁再生给生产过程带来了很大的困难和安全隐患。那么，能不能让催化剂自己从反应器里跑出来呢？科学家们基于流化床的特点，又开发了一种被称作流化催化裂化（Fluid Catalytic Cracking, FCC）的工艺（图 2.15）。将原来的固定床反应器拆分成三部分，即提升管反应器、沉降器与再生器。提升管反应器是一个处于颗粒输送阶段的流化床，固体催化剂与原料油气在其中一边上升一边反应，从提升管顶部进入沉降器。此时，催化剂表面已经布满了黑黑的焦炭，在重力和旋风分离（离心力）的作用下，一身焦炭的催化剂与反应油气实现气固分离，然后顺着待生斜管滑入再生器。在这里，焦炭在空气中燃烧变成二氧化碳，催化剂便"浴火重生"了，这些再生的催化剂继续通过再生斜管回到提升管反应器的底部，开始新一轮的反应。

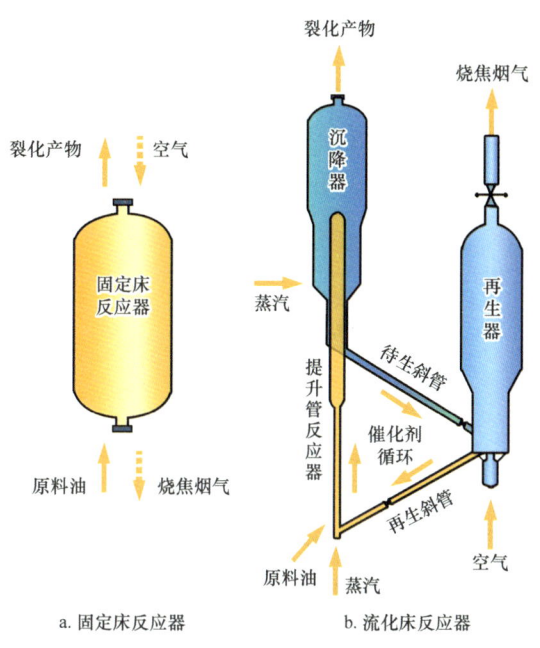

图 2.15 催化裂化工艺的几种形式

使用流化床反应器，既能够控制反应的温度和时间，让石油分子变成合理的产物，又能够借助流化床的固体输送功能，让催化剂乖乖地从提升管反应器里"跑"到再生器中，实现催化剂的循环利用。因此，固体催化剂在催化裂化工艺过程中可以像液体和气体一样流动起来。同时，由于石油分子的催化裂化反应是吸热反应，结焦催化剂的再生是放热反应，通过催化剂的循环流动同时实现了从再生器向反应器热量的转移，整个过程可以实现热量平衡。

2.11 催化剂中毒或失活后怎么办？

在化学反应过程中，催化剂可以降低反应活化能、提高反应速率，但是催化剂使用一段时间后会发生活性下降甚至丧失活性而惨遭废弃。那么造成催化剂活性下降的因素有哪些？有没有什么方法可以恢复催化剂的活性呢？

催化剂失活可以分为中毒、沉积玷污、烧结、活性组分流失四类（图2.16），并且针对不同的失活因素具有不同的活性恢复方法。

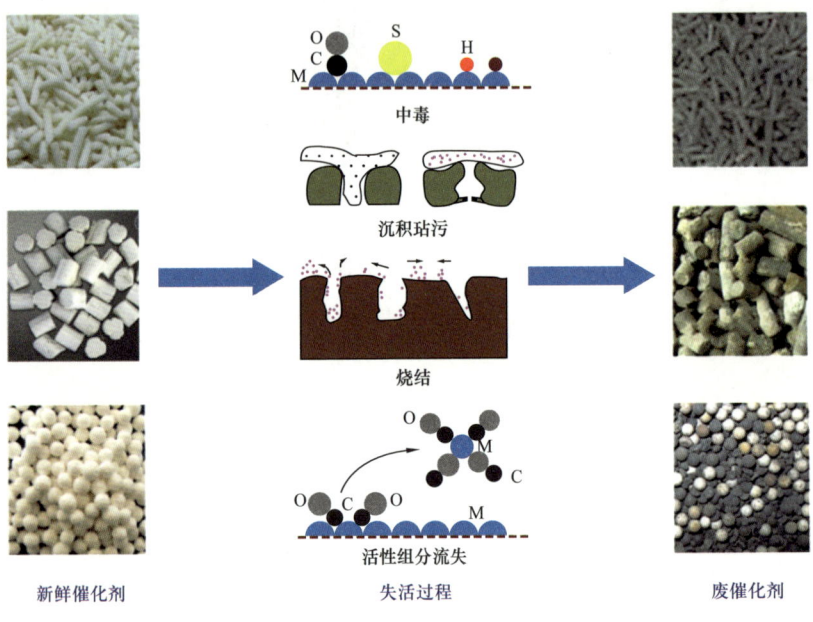

图2.16　催化剂的存在状态

当反应原料中存在一些比反应物分子更加活泼的物质时，催化剂发挥作用的中心（这里称为活性中心）就会被它占据，从而使真正的反应物分子减少甚至丧失与催化剂活性中心接触的机会，导致催化剂的功能无法表现出来。把占用或破坏活性中心、造成催化剂中毒的物质称为催化剂的毒物。其中，有的毒物会弱弱地吸附在催化剂表面，造成活性中心减少，此时催化剂通常表现为暂时性中毒，此类毒物通过气体吹扫可以去除；而有的毒物则会与催化剂活性中心发生强化学作用，难以去除，这一类过程是不可逆的，称为永久性中毒失活（图2.17）。

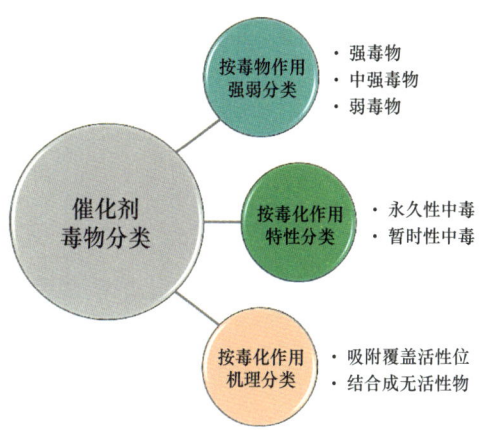

图 2.17　催化剂毒物分类

催化剂可以搭建反应物间转化的快速通道，那么一旦这个通道被某些物质堵住，其作用就难以发挥，沉积玷污就是造成此通道堵塞的重要原因之一，而积炭是沉积玷污的典型代表。积炭失活指焦炭把催化剂的"孔洞"堵住，而活性中心大部分藏在"孔洞"中，这样会造成反应物分子不能和活性中心接触，从而使催化剂的活性下降。我们知道煤炭是可以燃烧的，催化剂表面的积炭也可以像煤炭一样燃烧，因而可以用燃烧法将其除去，即烧焦（图 2.18）。

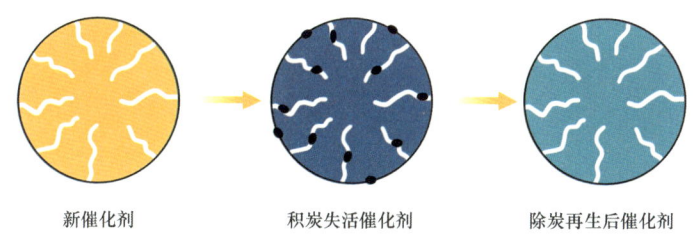

图 2.18　催化剂积炭失活和再生示意图

催化剂活性组分的烧结也是造成其失活的重要因素。所谓烧结失活，是指催化剂的活性组分在高温使用过程中聚集长大，导致活性中心数目减少，造成催化剂活性下降。催化剂烧结后难以进行修复，往往需要更换新催化剂，因此在生产过程中要优化条件避免其发生烧结。

催化剂活性组分流失也是造成催化剂失活的重要原因。这是由于催化反应过程大多是流固非均相反应，催化剂要经受高温反应物流的冲击。如果活性组分和载体结合不牢固，则活性组分就有可能被反应物流夹带走，造成催化剂活性降低。对于催化剂活性组分流失造成的失活，可以通过补充活性组分的方式使催化剂活性恢复。

除上述主要因素外，催化剂颗粒破碎或催化剂被污染等也可以导致催化剂失活。总之，当催化剂可逆失活后，可通过一定方式排除失活因素使其活性恢复，但是经过再生后的催化剂的活性相比于新鲜催化剂会有一定程度下降，并且随着再生次数的增加其活性降低幅度增加。

2.12 怎么从重油里变出汽油来？

原油经过常减压蒸馏，只能得到不到一半的汽油、煤油和柴油等轻质石油产品，而轻质油品的消费量占石油产品的50%～80%，仅从数量上来看，原油蒸馏所得轻质油品就远远满足不了消费需求。因此，炼油企业的一个重要任务是把原油中含量较高而需求量较少的重质馏分转化成高品质的轻质油品，以满足国民经济的需求。

石油由分子大小和沸点不同的化合物组成，如果能够把较大的石油分子分解成多个较小分子，就可以将重质馏分变成汽油和柴油。

很早人们就发现，当把石油加热到350℃以上，石油中的某些大分子化合物就会开始分解，变成小分子产物。1911年，世界上第一套热裂化装置建成，在高温下采用重质原料生产出了轻质汽油，开启了重油轻质化的先河。

经过100余年的发展，工业上已开发出了多种不同形式和原理的重油轻质化工艺（图2.19）。早期的热裂化工艺由于轻质油品产量和质量不高，目前在工业上已经不见踪影，取而代之的是处理量更大、效率更高、产品收率和质量更好的催化裂化、加氢裂化、焦化等工艺。这些工艺均以高沸程的重油为原料，生产不同收率和质量的汽油、煤油和柴油等轻质油品，是重油轻质化的主力军。

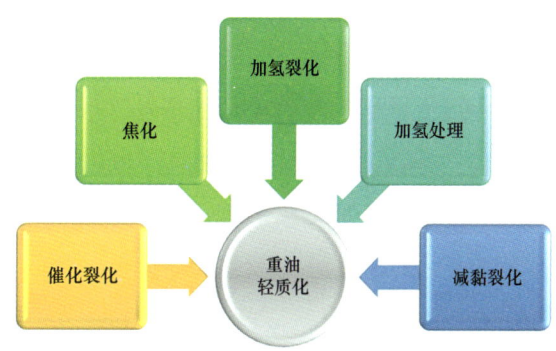

图 2.19　重油轻质化工艺

重油轻质化的本质就是将分子量大、氢碳原子比小的重质原料转化为分子量小、氢碳原子比大的轻质产物。但根据反应过程中是否采用催化剂，以及所用催化剂的性能不同，反应结果存在较大差别。

焦化是一个热加工过程，不借助于任何催化剂的作用，只是借助于高温将大分子分解成小分子等，所以轻质产品的收率和质量较差。而催化裂化和加氢裂化由于借助了催化剂的作用，改善了重油的反应过程，轻质产品收率和质量都得到了大幅度提升，尤其是加氢裂化过程中还有氢气参与反应，极大地改善了产品分布和质量，是目前比较理想的重油轻质化工艺之一。

任何一种重油轻质化过程，在生成轻质油品的同时，还会生成一部分气体产物，这些气体产物经过合理的加工，也可以变成高附加值的产品。如催化裂化气体产物中含有的大量丙烯和丁烯，可以分离出来合成高分子材料，生产合成纤维、合成树脂和合成橡胶等。

重油轻质化过程在将重质原料加工成轻质油品的同时，也会发生缩合反应，生成一部分焦炭。生成焦炭的反应是重油轻质化过程中不希望发生的反应，一方面，生成焦炭会影响轻质油的收率；另一方面，生成的焦炭会覆盖在催化剂的活性中心上，引起催化剂失活，影响催化反应过程的进行。

2.13 黏糊糊的燃料油怎么提高流动性？

大型船舶及部分动力机车要求发动机的功率非常大，尤其是大型船舶的主推进装置，需要直接带动螺旋桨工作，要求使用大功率的低速柴油机作为动力源，这类发动机大部分使用体积热值较大的重质燃料油作为燃料，如我国辽宁舰和山东舰等均使用重质燃料油作为动力来源。除此以外，工业冶金炉、化工加热炉或其他工业锅炉，也可以重质燃料油作为动力来源。

黏度是燃料油最重要的质量指标，直接影响着油泵、喷油嘴的工作效率和燃料消耗量。黏度适宜，则油品输送顺畅，喷嘴的喷油状况和雾化效果良好，燃烧完全，热效率高；黏度过大，油品由喷嘴喷入气缸或燃烧室时的射程远、喷射角小；黏度过小，油品由喷嘴喷入气缸或燃烧室时的射程近、喷

射角大。黏度过大或过小都会使得油品在气缸或燃烧室内分布不均匀，不能形成均匀的油气混合气，导致燃料油燃烧不完全，产生黑烟，降低燃烧效率、增加油耗等。燃料油根据黏度不同划分为不同的牌号。

燃料油的生产原料主要是重质馏分油或减压渣油，它们的黏度都很大，不能直接满足燃料油的质量要求，因此，需要降低其黏度。最简单的降低燃料油黏度的方法就是调入一部分低黏度的轻质油品，但低黏度轻质油品往往有附加值更大的利用途径，添加到燃料油中，从经济角度来讲不合算。但是，也可以掺入部分低附加值轻馏分的方法来生产低黏度燃料油，如调入部分黏度较小、芳香性较强、附加值较低的催化裂化柴油或澄清油等。但需要注意的是，高黏度重油中掺入的轻馏分比例需合适，避免轻馏分掺入量过多，降低燃料油的安定性能，破坏燃料油的胶体稳定性，发生沥青质聚沉而影响燃料油的使用性能。

减黏裂化是一种将高黏度重油（如减压渣油）经过浅度热裂化反应，生成少部分低黏度轻质油品以降低重油黏度，使之少掺或不掺轻质油品而生产黏度符合质量要求的燃料油的热加工工艺。减黏裂化具有工艺简单、投资少、效益好的特点，在降低重油黏度的同时，还可降低重油的凝点并副产少量气体、汽油和柴油等。

图 2.20 为减黏裂化工艺流程简图。高黏重油经换热预热后，通过加热炉加热到 400~450℃，使原料在较缓和的条件下发生浅度裂化反应，加热炉出口处注入急冷油使反应物料温度降低而终止反应，以免后续过程结焦。反应产物进入闪蒸塔，塔顶闪蒸出的气相进入分馏塔进一步分离得到裂化气、汽油和柴油，塔底产物即为减黏渣油。

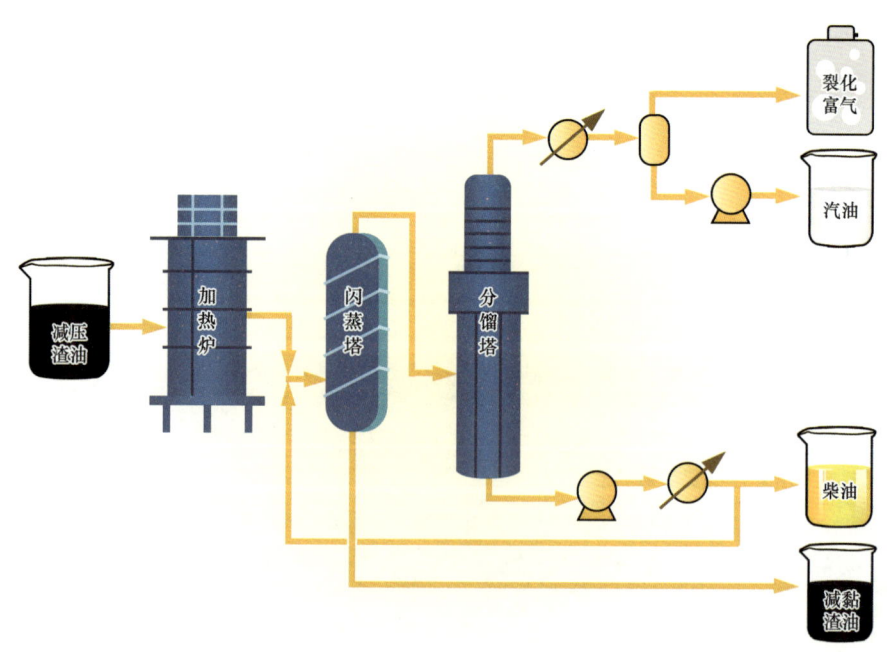

图 2.20　减黏裂化工艺流程简图

2.14 焦化为什么需要"延迟"?

焦化是将重油原料（一般是减压渣油）加热到很高的温度（480～550℃）后进行反应的一种深度热加工过程。高温下，原料一方面发生裂化反应生成气体、汽油、柴油和蜡油等轻组分，另一方面也会缩合生成焦炭（图2.21）。焦化是炼油厂提高轻质油收率和生产石油焦的重要工艺，也是一种典型的劣质重油改质工艺。

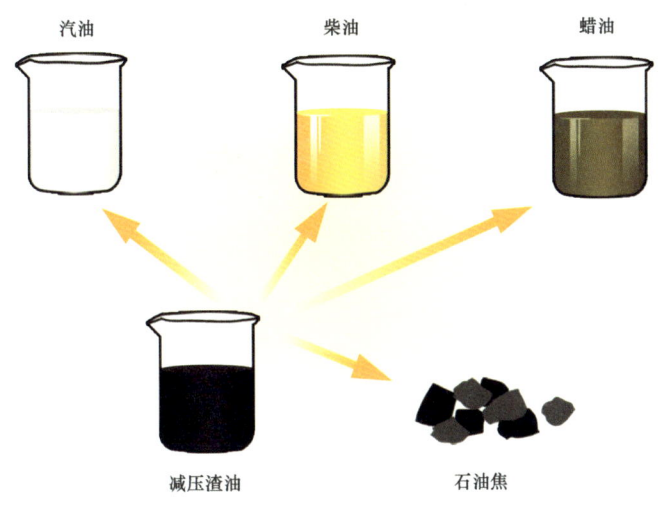

图 2.21　焦化的原料及产品

焦化过程是在500℃左右的高温下进行，要把渣油加热到这么高的温度，必须用到加热炉（图2.22）。渣油在流过高温炉管时，如果在炉管里面结焦，那么炉管内径会逐渐缩小，装置根本无法长时间运转。为此，人们想出了一个妙计，设法大幅提高渣油在炉管中的流动速率，使它来不及在炉管里结焦就从炉管里面流出去，迅速进入焦炭塔（焦化塔），在焦炭塔里进行充分的裂化和缩合生焦反应。这种把生焦反应"延迟"到焦化塔里的过程称为延迟焦化。

图 2.22　抚顺石油二厂延迟焦化加热炉实景

延迟焦化的产物包括气体、汽油、柴油、蜡油和石油焦。延迟焦化的石油焦产率高，产物分布差，而且汽油、柴油产物中含有大量的烯烃和硫化物、氮化物等，安定性较差，不能直接作为汽油、柴油产品的调和组分，必须经过进一步加工精制后才能使用。但延迟焦化之所以能够在炼化企业中得到快速发展和广泛应用，关键是焦化过程没有催化剂参与反应，不涉及催化剂的失活和中毒，因此其对原料的性质和组成要求较低，可处理残炭值和金属含量很高的劣质原料，几乎可以加工其他装置加工不了的所有劣质原料，如减压渣油、裂解焦油、催化裂化油浆、脱油沥青、油砂沥青、煤焦油、炼厂污油，甚至含油污泥等。

延迟焦化是现代炼油厂中为数不多的间歇—连续操作工艺，常见的有一炉两塔、两炉四塔、三炉六塔等工艺流程。当焦炭塔中的结焦量达一定程度后，需将原料切换到另一个焦炭塔中继续进行焦化反应，而结焦后的焦炭塔则停工除焦，故焦炭塔的操作是间歇的。炼化企业中的大型加工装置都是连续处理过程，为将焦炭塔的间歇操作变成整个延迟焦化装置的连续操作过程，一般延迟焦化装置中至少有两个焦炭塔。在任何一个时间点，都有一个焦炭塔处于反应阶段，而另一个焦炭塔则处于蒸汽吹扫、冷却、除焦、升压和暖塔等准备阶段。因此，虽然焦炭塔的操作是间歇的，整个延迟焦化装置是连续操作和生产的。图2.23为典型焦炭塔实景。

图2.23　典型焦炭塔实景
（中国石化石家庄炼化分公司提供）

2.15　怎样得到高品质的石油焦？

石油焦是延迟焦化的重要产物，而延迟焦化装置也是炼油厂唯一可以生产石油焦产品的装置。由于原料性质和反应条件不同，石油焦有不同的形态及性质，如按照外形不同，石油焦可分为海绵焦、蜂窝焦、弹丸焦和针状焦（图2.24）。一般来说，焦化原料中的沥青质和杂原子含量较低时，易于生成海绵焦和蜂窝焦；性质越差（如高残炭、高沥青质和低胶质含量）的原料，易生成弹丸焦；而针状焦则对原料的组成和性质要求非常苛刻。

针状焦是一种具有较高经济价值的材料，可用于生产炼钢工业中的高功率或超高功率石墨电极、原子反应堆的减速剂和特种碳素制品，还可用于制作锂电池负极材料等。虽然生产针状焦也采用延迟焦化工艺，但对于焦化原料和操作条件都有特殊的严格要求，用一般的减压渣油难以生产出针状焦。

图 2.24　石油焦照片

要生产针状焦，首先要选择合适的原料，芳香烃含量高而胶质、沥青质和硫含量低的重质油（如催化裂化澄清油、润滑油糠醛精制抽出油、焦化重蜡油及部分减压渣油等）是良好的针状焦生产原料。焦化反应前需先对原料进行一系列预处理，使原料中基本不含沥青质，杂质及灰分含量低，片状的芳香结构含量高，缩合生焦时才易于定向排列形成结晶度高、有层次的中间相小球，并再进一步长大、融并、定向固化成具有纤维状或针状纹理的石油焦。

除了选择合适的原料，生产针状焦时的操作条件也与常规延迟焦化不同，如要求进料采用程序升温、焦化塔压力高、延长成焦时间、采用大循环比操作等，使油料在焦化塔内维持一个相对稳定的状态，利用中间相的塑性流动和分子有序排列，以及气相产物产生的剪切力，创造出"气流拉焦"条件，最终形成流线结构的针状焦。

延迟焦化装置生产的针状焦为含有较高水分和挥发性组分的生焦，还需在隔绝空气的条件下进行高温煅烧处理后，才能作为生产高功率、超高功率石墨电极等的原料。在煅烧过程中，生焦中的水分和挥发分被脱除，针状焦的结构和元素组成发生一系列变化,含碳量、密度、强度、导电性和化学稳定性提高。

针状焦煅烧通常是在回转窑内进行的,生焦从窑的一端进入,与高温煅烧废气接触,出口端有燃气或燃油燃烧器,煅烧温度高达1500℃以上。窑体的旋转速度对焦炭煅烧的停留时间和加热速度具有决定性影响。煅烧后针状焦的真密度是评价煅烧效果的重要指标,真密度大于2.13克/厘米^{3}的为质量好的针状焦。

生产高品质石油焦的流程如图2.25所示。

图2.25 生产高品质石油焦

2.16 催化裂化的原料和产品是什么？

催化裂化是重质原料在高温和有催化剂存在的条件下发生裂化反应，转化成汽油、柴油和液化气等轻质石油产品的过程，是炼油厂中应用广泛、成本相对较低的重油轻质化工艺，是我国增产汽油和柴油的重要炼油工艺。

世界上第一套催化裂化装置出现于1936年，我国第一套移动床催化裂化装置于1958年在兰州炼油厂建成投产，1965年第一套并列式流化床催化裂化装置在抚顺石油二厂建成投产，1974年第一套提升管催化裂化装置在玉门炼油厂建成投产。图2.26显示了提升管催化裂化装置。自20世纪末以来，我国的催化裂化技术得到了快速发展。

图 2.26
提升管催化裂化装置
（抚顺石油二厂提供）

催化裂化装置的原料是沸程大于350℃的重质石油馏分，包括减压蜡油、焦化蜡油、常压渣油、减压渣油、糠醛精制抽出油、脱沥青油等。由于催化裂化过程中有催化剂参与反应，为防止催化剂过快失活或中毒，催化裂化对原料的组成要求远远高于延迟焦化。

催化裂化的原料组成复杂，不同组分在多种因素的共同作用下可以发生裂化、氢转移、异构化、芳构化及缩合生焦等反应，因此催化裂化的产物收率和性质会随原料组成、催化剂性能和反应条件不同而异。催化裂化装置的主要产物是汽油、柴油和液化气等轻质产品，除此以外还有焦炭、油浆和干气等副产物。

催化裂化干气中主要包括甲烷、乙烷和乙烯，还有少部分氢气，可以作为炼化企业的燃料气和制氢原料。催化裂化干气的产率较低，一般不超过5%。

催化裂化的液化气中主要包含C_3和C_4组分，且含有大量的丙烯和丁烯，丙烯和丁烯分离后可作为基本有机化工原料。催化裂化液化气的产率一般为8%～15%。

催化裂化汽油是催化裂化最主要的产物，研究法辛烷值高达85～95，是车用汽油的重要调和组分。催化裂化汽油的烯烃、硫化物和氮化物含量较高，稳定性较差，一般需选择性加氢精制或加氢改质后才能作为汽油调和组分。催化裂化汽油的产率为30%～60%。

催化裂化柴油是我国商品轻柴油的重要组分，芳烃含量高达50%甚至80%，密度大，十六烷值低，烯烃、硫、氮含量较高，安定性较差，是商品轻柴油中质量较差的组分，通常需加氢精制后才可以作为轻柴油调和组分。催化裂化柴油的产率为20%～40%。

油浆是催化分馏塔底得到的馏程大于350℃的重油，密度大、氢碳原子比低，含有大量的稠环芳香烃及重金属，主要作为燃料油调和组分，也可用作焦化和加氢裂化的原料，经深度处理后也可以作为生产针状焦的原料。催化裂化油浆的产率为5%～10%。

焦炭是催化裂化反应过程中生成的氢碳原子比很低的固体产物，沉积在催化剂表面会引起催化剂失活，为了恢复催化剂活性，催化剂上的焦炭必须不断用空气烧掉，所以焦炭不能作为产品分离出来。焦炭燃烧产生的热量可以提供给原料汽化与反应所需热量。催化裂化焦炭的产率为5%～10%。

2.17 催化裂化和重油催化裂化有什么不同？

目前，传统的催化裂化以重馏分油（如减压蜡油）为原料生产汽油和柴油等轻馏分油。但随着原油重质化趋势加剧、对轻质油品需求量增加及生产技术进步，一些重油（如减压渣油）也可以部分掺入减压蜡油中作为催化裂化原料，原料中掺入渣油的催化裂化过程称为重油催化裂化。

与馏分油相比，重油的组成和性质差别较大。以大庆原油和胜利原油为例，两种原油的减压渣油都比减压蜡油重，残炭值和金属含量都高（表2.1）。此外，重油的沸点高，含有大量多环芳香烃类化合物和胶状沥青状物质，易于缩合生成焦炭沉积到催化剂上，裂化性能差，因此重油催化裂化的产物分布较差，汽油和柴油的收率偏低，副产物气体和焦炭产率偏高，催化剂失活速率快，大量焦炭燃烧产生的热量远超过原料汽化和反应所需的热量，有可能会破坏装置的热平衡，增加装置能耗。重油中含有的大量重金属，沉积到催化剂上会导致催化剂失活或中毒，也会影响产物分布，使轻质油收率下降、焦炭产率增加。原料含有较多的硫和氮等杂原子，不仅会影响催化剂活性，还会转移到产物中，使汽油和柴油的硫、氮含量增加，安定性变差，颜色变深等。因此，焦炭产率高、催化剂金属污染严重、产物分布差且汽柴油产物中硫、氮含量高等，是重油催化裂化面临的重要问题。

表 2.1 馏分油与重油组成对比

项目	大庆原油		胜利原油	
	减压蜡油	减压渣油	减压蜡油	减压渣油
残炭值/%（质量分数）	0.23	4.70	0.29	8.50
镍含量/（微克/克）	<0.02	4.80	0.30	39.20

为适应原料变差带来的影响，降低干气和焦炭副产物产率，优化产物分布，重油催化裂化在操作上需做出适当调整，主要包括：(1) 改善原料雾化和汽化效果。重油的黏度大、沸点高，在进入反应器时只能部分汽化，反应过程处于气—液—固非均相状态，不利于反应进行，会影响产物分布。因

此，重油催化裂化进料系统需采用高效雾化喷嘴，让原料以极细小的液滴形式进入反应器，与催化剂均匀接触，改善反应效果。（2）采用较高的反应温度和较短的反应时间。采用较高的反应温度，有利于提高轻质油收率，降低焦炭产率；采用较短的反应时间，可以避免生成的汽油、柴油发生二次反应生成更轻的气体产物。

除此以外，由于重油催化裂化的焦炭产率大于馏分油催化裂化，为了高效、快速地烧掉催化剂上沉积的焦炭，重油催化裂化需采用新型再生技术和设备；大量烧焦放出的热量远远超出装置本身所需热量，需要采用再生器取热器和烟气能量回收利用系统回收利用过多的热量；为了降低原料中重金属对催化剂的影响，重油催化裂化需采用抗重金属污染能力强的催化剂等。

总之，重油催化裂化的难度远远大于馏分油催化裂化，工艺技术要求及复杂程度也高于馏分油催化裂化。

2.18　催化剂如何在催化裂化装置中循环使用？

催化裂化原料在发生裂化反应生成轻质油品的同时，也会发生缩合反应生成焦炭并沉积到催化剂上，覆盖催化剂表面的活性中心，引起催化剂失活。通常来说，催化裂化催化剂经过 1~4 秒的反应后，活性就会降到原来的 1/5~1/3。如果把使用后活性很低的催化剂直接抛弃掉，那不仅将会导致催化裂化的生产成本大幅度提高，而且也将造成资源的大量浪费。因此，失活后的催化剂必须经过再生复活后重新循环使用。

催化裂化过程中，催化剂需要不停地经历反应—失活和再生—复活两个过程。再生烧焦是一个强放热过程，而催化裂化的反应过程需要吸收热量以"打开"大分子的化学键，如何实现催化裂化装置连续的反应和再生，并将再生放出的热量用作反应所需的热量，是推动催化裂化工艺发展的重要动力。

目前，工业上广泛采用的催化裂化装置为提升管催化裂化装置。对于高低并列式提升管催化裂化装置（图2.15b），再生后的催化剂从底部进入提升管反应器，原料及预提升蒸汽等携带着粉末状的催化剂沿反应器一边往上流动一边反应，裂化反应生成轻质油品，实现原料的轻质化；而缩合反应生成的焦炭则沉积到催化剂上，导致催化剂失活。反应油气和催化剂在提升管出口快速分离，反应油气经旋风分离器分出夹带的催化剂颗粒后进入分馏系统，分离得到各种产物。沉积了焦炭失活后的催化剂落入沉降器底部，采用过热蒸汽将其中吸附的部分油气吹扫出来后，沿待生斜管进入再生器，与底部通入的空气在高温流化状态下反应，烧掉催化剂表面的焦炭。活性恢复后的催化剂由再生斜管进入提升管反应器底部，重新开始下一个工作循环。催化剂循环过程中，可以在再生器内吸收烧焦放出的热量并携带进入提升管，提供反应所需要的热量。

为使催化剂能够在反应—再生系统中按照预定的路线正常循环流动，不发生气体和催化剂的倒流，反应—再生系统中不同部位的催化剂应处于不同的流动状态。提升管反应器、沉降器及再生器内，催化剂均处于流化状态，类似于煮稀饭时，锅中米和水共同沸腾的状态，只是流化介质变成了不同的气体。而汽提段、待生斜管、再生斜管中处于充气流动状态，类似于沙漏中沙子的流动状态。

催化剂在提升管反应器—沉降器—再生器之间的循环流动，是催化裂化装置正常操作和运行的关键。

2.19 问世间"氢"为何物？

著名文学家元好问在《摸鱼儿·雁丘词》中，发问"问世间，情为何物？直教生死相许。"情尚且如此，氢对于炼油来说又何尝不是呢？

氢气是炼油厂中不可或缺的重要角色，既可以从炼油厂中多种原料生产出来造福社会（图2.27）；也能作为重要原料为石油排出"毒素"，脱去杂质以便后续利用。因此，炼油厂中的制氢工艺也是多种多样，各具特色。

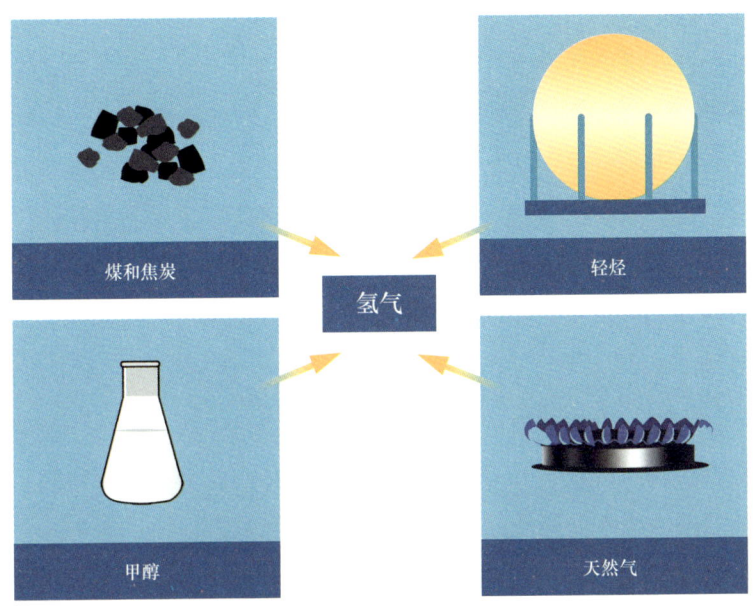

图 2.27　制氢原料示意图

催化重整是石油的重要二次加工过程，也为炼油厂提供了最具性价比的氢气来源，真正做到了氢气的"自产自销"。在加热、加压和催化剂存在的条件下，原油蒸馏所得的石脑油（汽油馏分）被催化重整为富含芳香烃的高辛烷值汽油，并副产氢气。催化重整是炼油厂加氢装置用氢的重要来源，但其产氢量还远远不能满足炼油厂消耗，因此更多的制氢技术被开发出来。

煤和焦炭都是我们生活中常见的燃料，工业上它们在高温下与空气、水蒸气等充分接触，反应产生大量的氢气。20世纪初，炼油厂尚处于发展起步阶段，利用焦炭在隔绝空气的情况下生产氢气是当时的主要制氢手段，但因为其效率较低、污染严重，随着时代的发展也逐渐被淘汰。

如今，天然气取代煤和焦炭成为炼油行业制氢的生力军，在炼油厂中作为轻烃水蒸气转化法的主要原料，与水蒸气催化反应生成氢气和一氧化碳，因反应为较强的吸热反应，因此温度越高，反应效果越好。轻烃水蒸气转化法也因为工艺成熟、投资低廉、操作方便等优势，在炼油厂制氢装置中得到了广泛利用，约占制氢量的 90%。

石油副产的烃类在炼油厂制氢中也备受重用，无须用催化剂，即可在高温下热解得到氢气。烃类的部分氧化制氢，工艺流程简单，为纯粹的热过程，而热解所需热量可由部分烃类原料燃烧所提供。该工艺的烃类原料选择范围十分广泛，从天然气直至渣油或者沥青，都是在工业上常用的原料。反应原料越轻，对反应过程越有利，但相应的成本也就越高。由于轻质油品具有广泛的用途，工业上更多的是采用利用价值较低的渣油作为烃类部分氧化制氢的原料。

除了利用化石燃料制氢，工业上氢气的生产方法还有很多，如使用甲醇等化工原料裂解生产氢气和一氧化碳等含碳气体。此外，电解水制氢的原理简单，随着电力成本的降低，将逐步变得有竞争力。

虽然制氢技术日趋成熟，但炼油厂中仍然存在大量含氢尾气外排作为燃料气的现象，造成了资源的极大浪费。如果这些低浓度氢气能被回收利用，不仅可以缓解炼油厂氢气的短缺，还可以节省成本，提高经济效益。因此，工业上开发了多种提浓回收工艺，进行氢气资源的有效回收利用。如变压吸附分离（PSA）、膜分离及深冷分离等技术，这些氢气回收技术基于不同的分离原理，工艺流程特点也各不相同。

PSA 技术是一种混合气体的分离及净化技术，通过采用多孔吸附剂对混合气体中不同组分的选择性吸附，即不同压力下各种气体在吸附剂上的吸附量不同，实现混合气体的分离或提纯。PSA 技术工艺流程主要由高压吸附—低压解吸两个步骤组成，因为装置工艺流程和操作简单、适应性强及扩建容易等优点，在炼油厂中得到广泛应用。

膜分离技术是在分子水平上，根据不同粒径分子的混合物在通过半透膜时的渗透率不同，实现选择性分离化合物的技术。在炼油厂含氢气体中，氢气因分子体积小而具有较高的渗透率,称为快气;甲烷及其他烃类、氮气等具有较低的渗透率,称为慢气。在膜分离过程中,氢气等快气在分离膜渗透侧(低压侧)富集,甲烷等慢气则在分离膜原料侧(高压侧)富集,从而达到氢气提浓的目的(图2.28)。

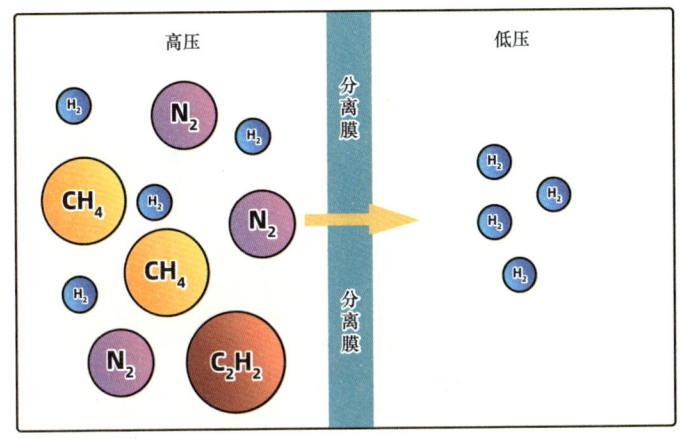

图 2.28 气体膜分离机理示意图

深冷分离是利用不同气体组分的沸点不同而实现氢气提浓的过程,即混合气体中非氢组分的沸点(大于 $-195.8℃$)远高于氢气的沸点($-252.6℃$),通过降温冷凝,可以将氢气中的杂质除去。该技术氢气收率较高,但因投资和能耗高,应用受到限制。

2.20 氢是怎么加到油品里去的?

石油中的非烃化合物(包括含硫、含氮、含氧化合物及胶状沥青状物质等)对于石油的加工过程及油品的使用性能均会造成很大的影响。例如,汽油和柴油中过高的硫含量会缩短发动机寿命,增大车辆排放尾气中硫氧化物的含量,进而加剧大气污染等问题。

如何脱除这些有害的非烃化合物，改善石油的加工过程和油品的使用性能呢？20世纪50年代，科学家们巧妙地往石油产品里加了点儿"氢"，从此打开了油品清洁技术的大门。加氢技术不仅可以脱除油品中的硫、氮、氧等杂原子，还可以饱和油品中的烯烃和芳香烃，调节产品的氢碳原子比，增加产品的氢含量，提升油品质量。

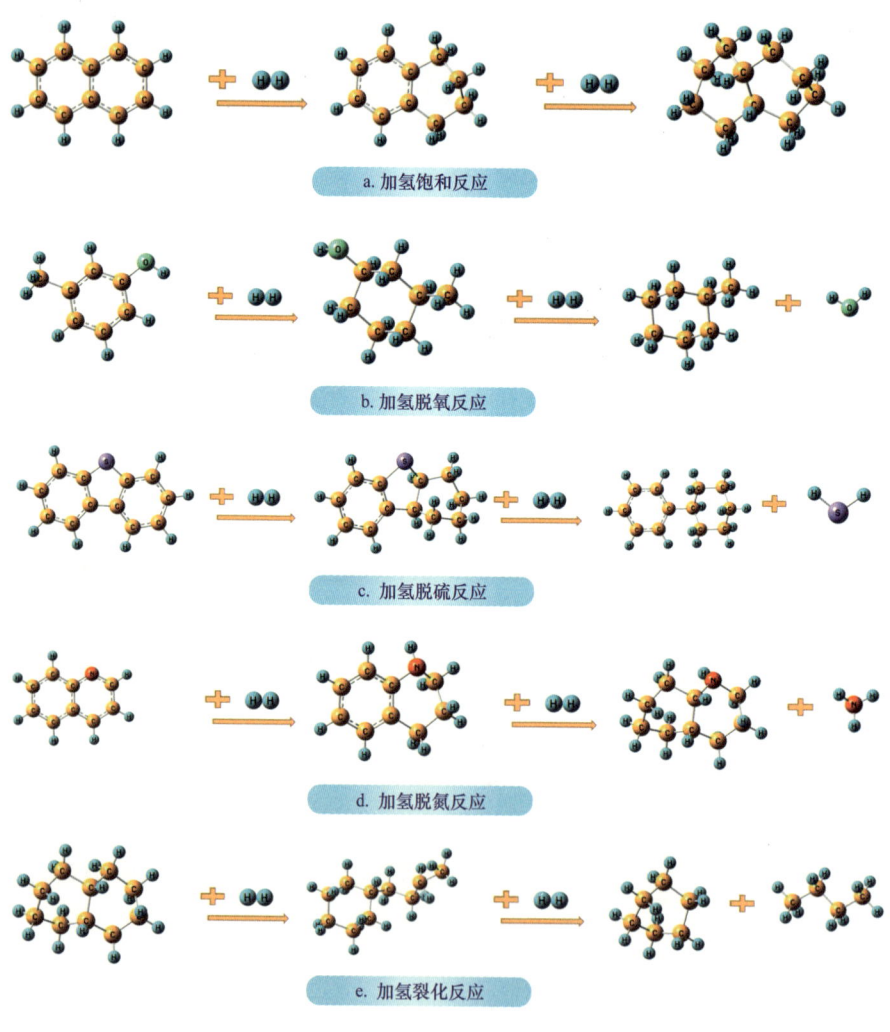

图 2.29 加氢反应示意图

加氢是指各种石油馏分或产品在一定温度（300~500℃）、压力（大于3兆帕）和催化剂存在的条件下进行催化加氢的过程。如图2.29所示，加氢过程涉及的化学反应范围很广，包括加氢饱和反应、加氢脱氧反应、加氢脱硫反应、加氢脱氮反应和加氢裂化反应等。通过这些反应，杂原子消耗部分氢被脱除，其他消耗的氢则被添加到烃类化合物中，提高了加氢产物中的氢含量。

加氢脱硫：石油馏分中各类含硫化合物的C—S键是比较容易断裂的，键能要比C—C键或C—N键小得多。因此，在加氢过程中，一般含硫化合物的C—S键先行断开，硫原子被氢原子取代，生成相应的烃和硫化氢。

加氢脱氮：石油中的氮原子绝大多数位于不饱和的环状结构中，故加氢脱氮反应基本上分为不饱和环的加氢和C—N键断裂两步反应。在C—N键断裂过程中，氮化物中的氮原子被氢原子取代而转化为氨气和相应的烃。

加氢脱氧：原油中的含氧化合物较少，各种含氧化合物的加氢反应主要包括环系的加氢饱和及C—O键的氢解反应，与加氢脱硫和加氢脱氮一样，含氧化合物中的氧原子被氢原子取代而生成水和相应的烃。

加氢裂化：烷烃加氢裂化包括原料分子C—C键的断裂及生成的不饱和分子碎片的加氢。烷烃和烯烃在加氢裂化条件下，遵循正碳离子反应机理，都生成分子量更小的烷烃，其通式为 $C_nH_{2n+2}+H_2 \longrightarrow C_mH_{2m+2}+C_{n-m}H_{2(n-m)+2}$，$C_nH_{2n}+2H_2 \longrightarrow C_mH_{2m+2}+C_{n-m}H_{2(n-m)+2}$。此外，烯烃和烷烃均会发生异构化

> **小贴士**
>
> 关于正碳离子的概念早在1922年就由Meerwein提出，这个概念至20世纪50年代才被用于解释催化裂化反应机理。Haensel和Bruce对催化裂化正碳离子反应机理方面的研究曾做过很好的总结。
>
> 所谓正碳离子，是指缺少一对价电子的碳所形成的烃离子，如 $R\overset{+}{C}H_2$。正碳离子的基本来源是由一个烯烃分子获得一个氢离子而生成，例如：
>
> $$C_nH_{2n}+H^+ \longrightarrow C_nH_{2n+1}^+$$

反应，从而使得产物中的异构烃与正构烃的比值增高。单环烷烃在加氢裂化过程中可以发生异构化、开环、脱烷基侧链反应及不明显的脱氢反应。芳香烃中的芳香环十分稳定，很难直接断裂开环，在较缓和的反应条件下，带烷基侧链的芳香烃只是在侧链连接处断裂，而芳香环保持不变；而在较苛刻的反应条件下，芳香环可被加氢饱和，进而发生环烷烃的加氢裂化反应。

2.21 巧妙的化学储氢用氢

中国是全球最早研究并掌握加氢裂化技术的国家之一。加氢裂化技术通过将加氢反应和裂化反应结合到一起，直接将质量较差的重质原料转化成优质的轻质油品，在将劣质原料"吃干榨尽"的同时，把氢储存在轻质油品中，既保证了油品的清洁，又可以安全用氢，大幅度提高了经济效益。因此，加氢裂化技术在世界范围内受到日益广泛的关注。

加氢裂化是在较高的氢分压（8~18兆帕）和温度（320~425℃）下，烃分子与氢气在催化剂表面进行裂化和加氢反应生成较小分子的转化过程。加氢裂化按加工原料的不同，可分为馏分油加氢裂化和渣油加氢裂化。馏分油加氢裂化的原料主要有减压蜡油、焦化蜡油、裂化循环油及脱沥青油等，其目的是生产高质量的轻质油品，如柴油、航空煤油、汽油等。渣油加氢裂化与馏分油加氢裂化有本质的不同，由于渣油中富集了大量的硫、氮化合物和胶质、沥青质大分子及金属化合物，使催化剂的作用大大降低，因此热裂化反应在渣油加氢裂化过程中有重要作用。一般来说，渣油加氢裂化的产品尚需进行加氢精制。

加氢裂化的生产方案灵活，是所有炼油工艺中目的产品品种最多的一种加工方法，可以生产优质的汽油、喷气燃料、柴油等清洁燃料组分，以及轻石脑油、重石脑油和加氢尾油等优质石油化工原料（图2.30）。加氢裂化装置生产的轻石脑油中硫、氮、烯烃和芳香烃含量均很低，既可直接用于调和生产超低硫清洁车用汽油，也可用于生产化工溶剂油，并可用作蒸汽重整制氢和蒸汽裂解制乙烯装置进料；重石脑油芳香烃潜含量高，硫、氮含量低，是催化重整生产高辛烷值车用汽油或"三苯"等轻芳香烃的优质原料；喷气燃料和柴油的硫、氮和芳香烃含量很低，燃烧性能很好，是环境友好的"绿色"石油产品；加氢尾油饱和烃含量高、芳香烃相关指数（BMCI）值低，是蒸汽裂解制乙烯和丙烯、异构脱蜡生产高黏度指数润滑油基础油和催化裂化生产车用汽柴油等装置的优质原料。

> **小贴士**
>
> 相关指数 BMCI（美国矿务局相关指数 United States Bureau of Mines Correlation Index 的简称）是一个与相对密度及沸点相关联的指标。

加氢裂化通过 C—C 键、C—S 键、C—N 键和 C—O 键的断裂与 C—H 键的生成，不断地将氢加入相应的石油产品中，从而获得大量的氢含量较高的轻质石油产品，因此这实际上是一种有效的储氢形式。同时，加氢裂化还可以有效提升石油产品的质量品质，使石油产品在使用时更加高效清洁、更加环保，因此也是一种清洁高效的用氢方式。

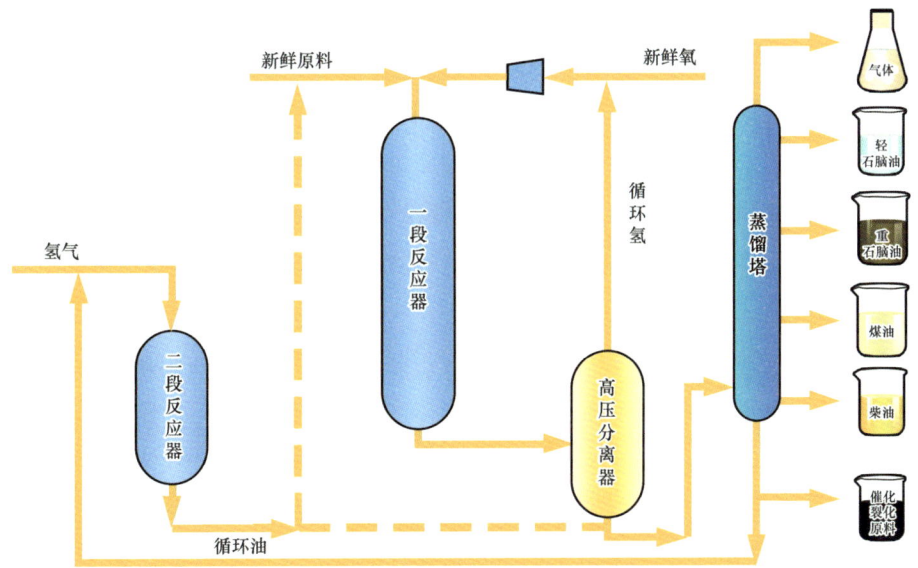

图 2.30 典型加氢裂化工艺装置流程示意图

2.22 怎么除去石油产品中的杂质？

石油产品中的杂质主要是指硫、氮、氧等杂元素和微量元素，这些元素以非烃化合物的形态存在，对于石油产品的使用性能具有很大影响。

硫的存在，不仅会伤害工业设备，还会影响油品的质量，当作为燃料燃烧时还会污染环境。因此，无论从环境保护还是从设备安全角度，硫可以说是石油中的头号杂质。石油中的碱性氮化物会使酸性催化剂中毒，失去工作能力，并且氮化物还会引起油品变质。广泛存在的含氧物质大多带有酸性，尽管这些酸在工业上有特殊的用途，但在石油产品中属于有害的成分，会对设备造成腐蚀，影响油品使用性能。

伴随着时代的快速发展，发动机对油品的要求越来越高，人们的环保意识也越来越强，油品中的杂质是非要除掉不可的，这就需要油品的精制，目前普遍采用的方法便是加氢精制。

加氢精制过程是在催化剂存在的条件下，使油品中的硫、氮、氧杂质与氢气反应，生成硫化氢、氨、水及相应的烃，油品中的金属也可以被脱除而沉积到催化剂上，从而提高油品质量。加氢精制的主要目的是通过精制来改善油品的使用性能，其处理的油品范围也很广，如一次或二次加工过程得到的汽油、柴油、航空煤油等均可以作为加氢精制的原料；也可以对催化重整原料、催化裂化原料、重油或渣油等进行处理，以改善这些原料的反应性能，提高后续加工过程的效率。加氢精制已成为炼化企业中广泛采用的油品精制方法。

汽油加氢精制便是加氢精制工艺的主要应用之一。我国车用汽油的主要组分是催化裂化汽油，因其较高的硫和烯烃含量，制约了我国汽油质量的升级步伐，因此要对催化裂化汽油进行加氢改质。汽油加氢就是在催化剂的作用下，在氢气气氛下将汽油馏分中的硫、氮、氧分别转化成气态硫化氢、氨和水而除去，同时可以使一部分烯烃饱和，提高汽油的安定性和清洁性。

柴油加氢改质技术已成为生产清洁柴油的主流技术,主要是降低柴油中硫、芳香烃含量和提高十六烷值,加氢改质的方法可以使芳香烃加氢饱和与选择性开环,得到沸点降低和十六烷值升高的改质柴油,同时脱除柴油中的硫、氮、氧等杂原子。

航空煤油是喷气式飞机发动机的重要燃料。喷气式飞机发动机特殊的应用场所和使用环境,使其对航空煤油的品质要求十分苛刻。加氢精制既能解决航空煤油的腐蚀问题,又保留了航空煤油中的天然抗磨和抗氧化物质,同时还能脱除航空煤油原料中的氮化物和酸性物,解决航空煤油颜色稳定性的问题。因此,加氢精制是航空煤油精制工艺的发展方向。

2.23 能给石油里的分子动"手术"吗?

石油主要是由烷烃、环烷烃、芳香烃和非烃组成的混合物。对于直馏汽油,一般烷烃含量最多,其次是环烷烃,芳香烃含量最少。但是对于汽油,芳香烃和异构烷烃的燃烧抗爆性能较好,同时芳香烃又是不可或缺的石油化工原料。因而有人就想对分子动动"手术",把汽油里的环烷烃和烷烃变成芳香烃和异构烷烃。

只有分子中碳原子数不低于6的烃类才能变成芳香烃。一个单环环烷烃要变成芳香烃,每个分子就要"切除"掉6个氢原子;而要把一个链状的烷烃分子变成芳香烃,"手术"就更复杂些,即要把碳原子先绕成一个由6个碳原子构成的环,同时又得"切除"掉8个氢原子。链状烷烃要变成异构烷烃,需要"切除"一部分碳原子并"嫁接"到与其不相邻的其他碳原子上;当然,这些异构烷烃同样可以通过动"手术"变成芳香烃。此类涉及改变分子结构的"手术"在石油加工中称为重整反应,能动此类"手术"的高明"大夫"就是重整催化剂,这个过程在炼油业内称为催化重整(图2.31)。

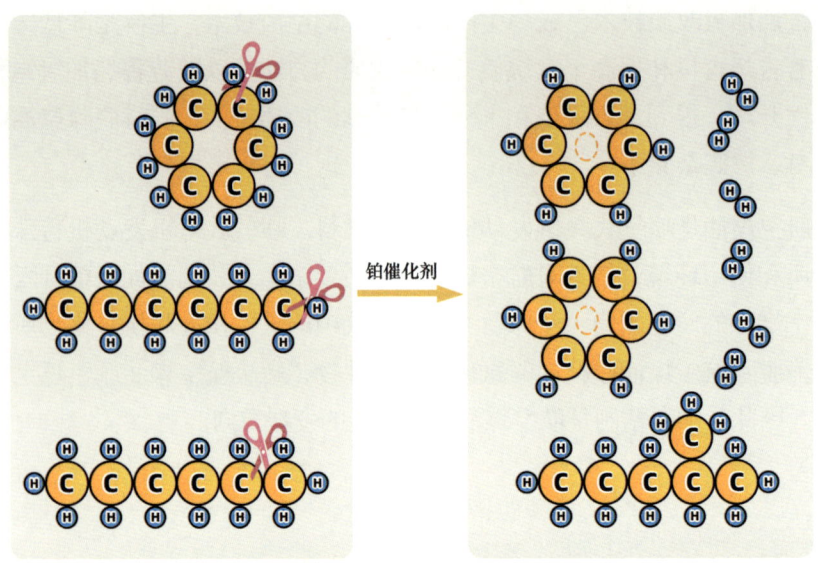

图 2.31　催化重整反应示意图

烃类"手术"对原料的要求比较高，为了确保"手术"顺利进行，"手术"前要对原料进行"全面检查"并去掉对反应有害的杂质，也就是医院手术前的检查与消毒工作。因此，不管哪类催化重整工艺，都要包括原料预处理和重整反应两部分。原料油首先经过预分馏、预脱砷、预加氢、高压分离及脱水过程得到杂质含量和馏程合格的重整原料，该过程主要是为了减少后续反应过程中催化剂中毒和积炭，延长装置的运转周期。

重整反应是强吸热反应，"手术"过程需要在高温条件下进行。为了维持较高的反应温度和较快的反应速率，一般需用3~4个绝热反应器串联，反应器之间用加热炉加热反应物料以保持较高的反应温度，离开反应器的物料进入分离器分离出富氢循环气（多余部分排出），所得液体产物脱去轻组分后作为重整汽油，是高辛烷值汽油的重要调和组分。重整汽油经芳香烃抽提可以进一步得到苯、甲苯、二甲苯等芳香烃产品。

催化重整技术发展的关键在于对催化剂的不断改进。"铂大夫"是催化重整界的专家，重整催化剂都是以铂为主要活性组分，所以一般也把催化重整称为铂重整。铂是贵重金属,价格昂贵,假如催化剂全部用铂来制造,那么其费用之高使企业根本无法承受,所以早期因为高质量汽油需求少、价格低,催化重整的经济效益低,铂重整也被称作"白重整"。但随着社会的发展,重整产物独特的突出优势逐渐显露,催化剂也在不断改进,"铂大夫"找到了自己的合作伙伴共同承担"手术"工作,因而除了铂,现代重整催化剂中还加入铼或锡作为助剂。实际应用中,只是把很少量的铂和铼或锡均匀地分散在作为载体的氧化铝表面制成重整催化剂,铂的含量即使降至0.2%,催化剂仍然能保持较高的活性,成本却大大降低。

"铂大夫"精力有限,随着"手术"时间延长,工作效率就会降低,需要"下班休息"好后再重新投入"手术"工作中去。催化重整的反应温度约为500℃,为了控制催化剂的结焦速率,重整原料已经进行了预处理,且反应是在5~20个大气压(0.5~2.0兆帕)下的氢气中进行的,但是催化剂上的结焦仍不能完全避免,所以操作一段时间后,就得设法将催化剂上面的焦炭烧掉。催化剂通过烧焦、氯化更新和干燥过程就可以很好地恢复活性。这种催化剂的再生过程可以间歇地隔一两年进行一次,也可以在生产过程中连续进行。

> **小贴士**
>
> **氯化更新**:由于烧焦过程中,氯流失和铂聚集,因此需要补充氯,使铂晶粒重新分散。

催化重整的产物主要是"手术"重构后的液体及"切除"掉的氢原子形成的氢气。液体产物有两大用途:一方面,利用它在汽油机中燃烧性能好(辛烷值高)的特点,可以作为高标号车用汽油(92号、95号及98号)的调和组分;另一方面,也可以把其中富含的芳香烃(苯、甲苯和二甲苯等)分离出来,用作石油化工的原料,如苯可以制成苯乙烯,进而合成聚苯乙烯树脂或丁苯橡胶;对二甲苯可以氧化成对苯二甲酸,进而合成涤纶等。催化重整的气体产物中80%以上是氢气,氢气是加氢精制生产高品质石油产品所必需的原材料,因此重整生成的副产物氢气,是炼油厂物美价廉的重要氢气来源。

2.24 裂化、加氢、重整催化剂可以互换使用吗?

大部分轻质燃料是通过原油的二次加工过程获得的。原油二次加工的重要过程有催化裂化、催化加氢和催化重整等,这几个加工过程有个共同特点就是都需要催化剂的作用,那么裂化、加氢和重整催化剂可以互换使用吗?

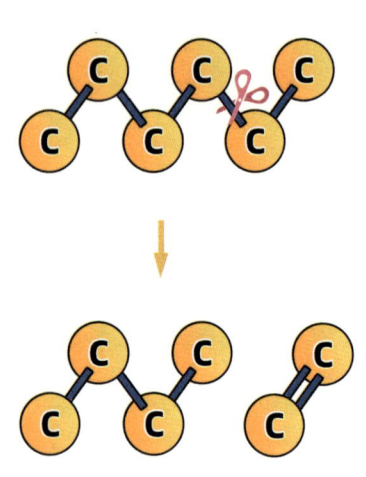

图 2.32　催化裂化过程示意图

催化裂化是大分子烃分裂成小分子的过程,因此需要一把"锋利的剪刀"来"剪断"烃分子的 C—C 键(图 2.32)。固体酸型催化剂能够提供酸性位这把"剪刀",攻击 C—C 键使之断裂,是催化裂化的主要催化剂。早期使用的固体酸是酸性较弱的天然白土和无定型硅酸铝,后来逐步改进为酸性更强的、人工合成的沸石分子筛。不过单纯的沸石分子筛裂化活性太强,机械强度又不高,因此通常还需将其分散于天然白土(此时称为基质)中以调和酸性、缓解催化剂积炭,并提升机械强度。

催化重整过程中主要发生环烷烃脱氢、异构化、烷烃环化脱氢等反应。不难发现,脱氢是重整反应的核心,同时伴随着烃类分子的结构重塑,因此重整催化剂往往需要兼顾脱氢和异构化功能。异构化与裂化过程类似,可依赖于固体酸实现,但脱氢功能则需要另外一位"好帮手"(金属组分)的帮助。金属与氢之间有很强的"亲和力",因此能从烃分子中"夺取"氢(图 2.33)。目前使用最广泛的金属组分铂,不仅是珠宝首饰界的宠儿,也是化学工业里的常客。铂的脱氢能力很强,当然,价格也十分高昂。为了降低成本,同时也为了进一步提高重整催化剂的性能,人们引入第二种金属组分与铂搭配,这其中最常用的为铼和锡。值得注意的是,铂等金属并不能拿来就用，它们通常需要分散于特定的载体上，目前重整催化剂最常用的载体是氧化铝，它能够很好地分散金属组分，提高催化剂的热稳定性及机械强度，并具有一定的酸性，从而实现脱氢功能和异构化功能的有机结合。

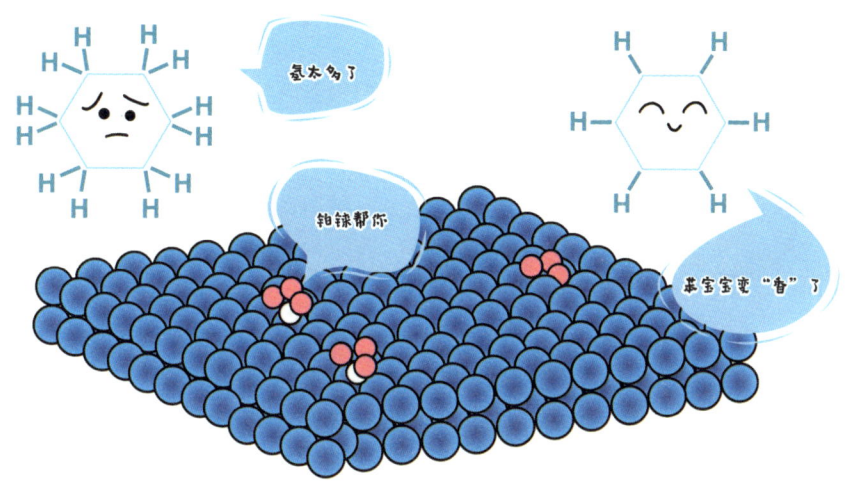

图2.33　催化重整中环己烷脱氢生成苯

催化加氢工艺实际上是一个系列，根据转化率由低到高可细分为加氢处理（含加氢精制）和加氢裂化，故加氢催化剂并不是单一的一种。（1）加氢处理主要是通过氢气将原油中有害的硫、氮等转化为对应的氢化物，因而其催化剂侧重加氢性能（图2.34）。我们知道化学反应有的是可逆的，加氢与脱氢互为可逆反应，因此具有脱氢活性的催化剂通常也可以用来加氢。与重整类似，加氢处理催化剂的主要活性中心也是金属，并负载于氧化铝上使用。但与重整不同的是，由于加氢处理需要脱除硫、氮等杂质，而这些元素很容易与铂结合使铂失去活性，因此人们改用钴、钼、镍等不那么"娇贵"且加氢活性接近的金属取代铂。（2）与加氢处理稍有不同的是，加氢裂化本质上是加氢反应（金属位）与裂化反应（酸性位）的综合，因此其催化剂在加氢处理的基础上，还需要有更强的裂化性能，故除氧化铝外，有时还使用酸性更强的无定型硅酸铝乃至沸石分子筛作为载体。

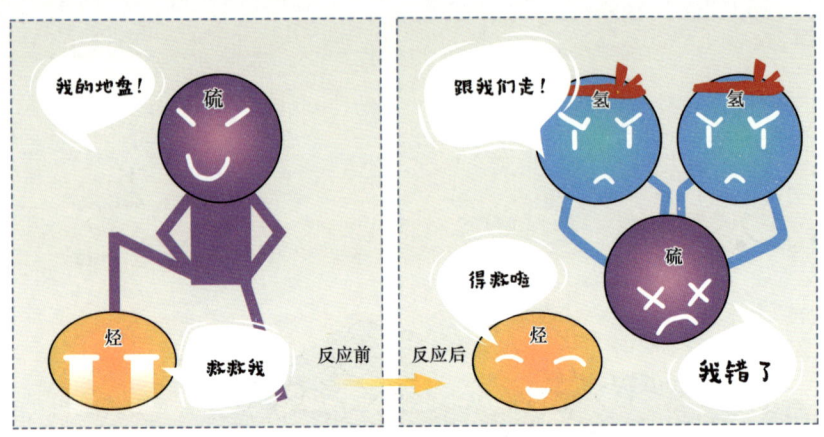

图 2.34　催化加氢中硫的脱除

通过上面的介绍，我们对裂化、重整和加氢的催化剂有了基本的了解：裂化催化剂是单功能的，需要较强的裂化性能（强酸位）；重整催化剂是双功能的，需要脱氢活性（贵金属）和异构化活性（弱酸位）；加氢催化剂也是双功能的，需要加氢活性（一般金属）及不同程度的裂化性能（酸位）（表 2.2）。很显然，单功能的催化裂化催化剂不能满足双功能的重整及加氢过程的要求，而重整催化剂与加氢催化剂之间也因为对加氢、脱氢、裂化、异构化等各功能的侧重不同而不能相互替换。

表 2.2　二次加工过程催化剂的组成对比

项目	催化剂组成	单双功能
催化裂化	载体（硅酸铝）；活性组合（分子筛）	单功能催化剂
催化重整	载体（氧化铝）；金属组分（铂、铼、锡）	双功能催化剂
催化加氢	加氢处理：载体（氧化铝）；金属组分（钴、钼、镍、钨） 加氢裂化：载体（硅酸铝或分子筛）；金属组分（钴、钼、镍、钨）	双功能催化剂

2.25　石油分子的骨架能够相互变化吗？

石油分子具有众多"超能力",其中一个就是石油分子的骨架如同变形金刚一般可以灵活变化,变出更多的"手"和"脚",这个过程称为炼油工业中的轻烃异构化。这一过程可以生产高辛烷值的汽油,使汽车高效、安全行驶。

提起轻烃异构化,大家一定好奇轻烃是什么。其实,烃就是碳、氢两种元素以不同的比例结合而成的一系列物质,其中分子量较小的部分称为轻烃。在炼油工业中,轻烃异构化原料以正戊烷(C_5)和正己烷(C_6)为主,还会有少量的正庚烷(C_7)组分。你们知道异构化过程能变出几只"手"吗?答案是一只或者多只都可以,这些具有不同的"手""脚"的烃类物质就是轻烃异构化的主要产物(低碳数异构烷烃),如异戊烷、异己烷等,这些产物可直接作为高辛烷值汽油的掺合剂。

在石油分子异构化变出更多的"手"和"脚"的过程中,也需要异构化催化剂来配合共同完成。目前,异构化催化剂主要是双功能催化剂,主要是以固体酸为载体的贵金属催化剂,如铂-氧化铝、铂-分子筛、铂-丝光沸石催化剂等。有异构化催化剂的配合,在不同温度下,石油分子可以成功变出更多的"手"和"脚"。

轻烃异构化的工业过程有很多种,按照异构化原料的流向,可以分成一次通过流程和循环流程。世界上 C_5、C_6 烷烃异构化专利技术供应商主要有 UOP、IEP、HRI、ABB Lummus、KBR 和 CD Tech 等公司。其中,UOP 公司的工艺是典型代表,该工艺将所有正构烷烃都循环回反应器进行异构化反应(图2.35)。这里需要说明的是,采用的循环方案越复杂,工艺装置的投资和操作费用越高。因此,异构化工艺正努力向简单的异构化循环流程、高的公用设备利用率及高辛烷值产品方向发展。

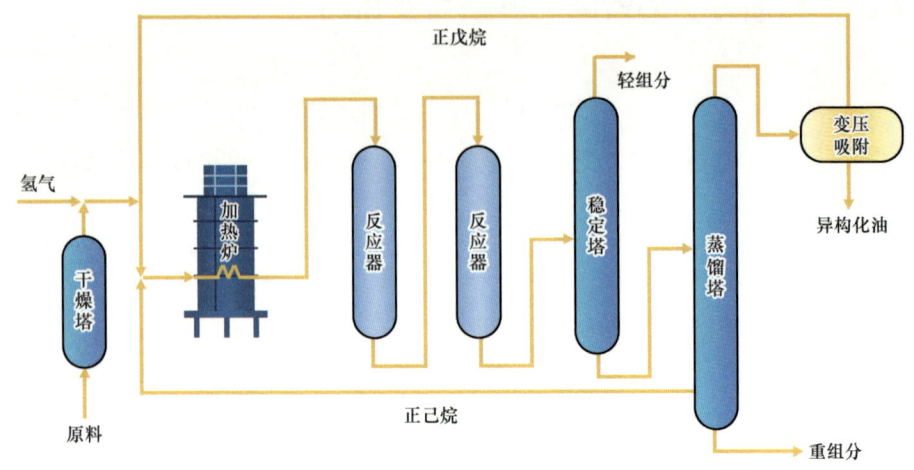

图 2.35　C_5、C_6 烷烃异构化工艺流程示意图

2.26　液化气能变成汽油吗？

液化气是液化石油气的简称（Liquefied Petroleum Gas, LPG），是炼油厂催化裂化等加工过程得到的气体，它的组成主要是 C_3 和 C_4 的烷烃和烯烃，在常温常压下是气态，但经加压、降温可以变成液体，这也是它名字的由来。过去，液化气作为人们家庭生活不可或缺的成员，通常被安置在液化气罐中，成为炒菜、做饭用的燃料。但随着天然气的引室入户，液化气渐渐退出了人们的生活圈。不过现在液化气有了更大的用途，聪明的人们把它作为原料，通过一定的化学转化过程变成汽车发动机的动力来源——汽油。液化气究竟是怎么转变成汽油的呢？

液化气是通过一种叫烷基化的技术转化成汽油的。人们把一切引入烷基基团（甲基、乙基等）的反应都称为烷基化反应。炼油厂中的烷基化过程是以异丁烷和丁烯为原料生成支链化程度较高的异构烷烃（图 2.36），类似于

2,2,4-三甲基戊烷、2,3,4-三甲基戊烷和2,3,3-三甲基戊烷。除了丁烯，丙烯、戊烯也可以作为烷基化的原料。

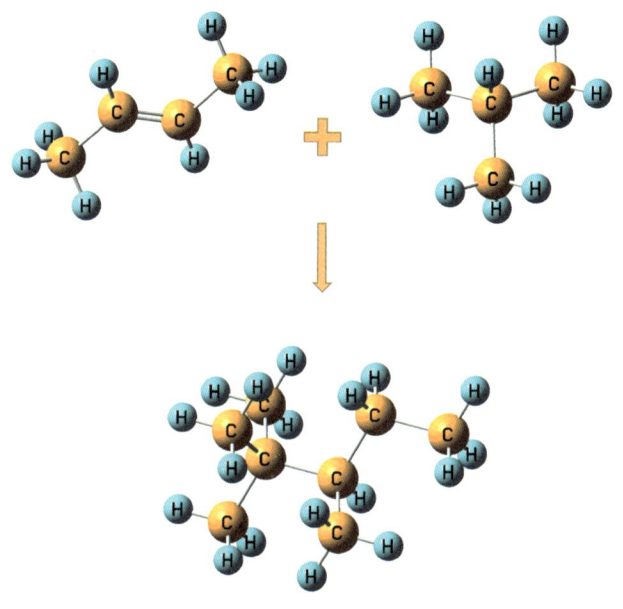

图 2.36　异丁烷与丁烯烷基化反应示意图

烷基化的产物称为烷基化汽油，由异构烷烃组成，具有辛烷值高且不含硫、烯烃、芳香烃的优点，是理想的清洁汽油调和组分。

烷基化过程也是需要催化剂的作用才能完成。按照使用的催化剂相态不同，烷基化技术分为液体酸烷基化技术和固体酸烷基化技术。其中，液体酸催化剂包括氢氟酸、浓硫酸和离子液体。氢氟酸和浓硫酸具有强腐蚀性，且氢氟酸有剧毒，使用浓硫酸技术的废酸生成量较大且废酸处理成本较高。相对来说，离子液体烷基化和固体酸烷基化是新型环保的烷基化技术。

烷基化汽油的生产过程一般包括原料预处理、烷基化反应、分离和催化剂再生四个系统。（1）原料预处理系统：液化气的来源不同，预处理过程会有所差别。如果液化气来自催化裂化液化气的气体分离装置，那么预处理一般包括加氢精制与脱水干燥；如果液化气来自上游的醚化装置，还需要增加脱甲醇单元。（2）烷基化反应系统：处理后的液化气原料与循环异丁烷混合，换热后进入烷基化反应器生成烷基化汽油。（3）分离系统：如果使用液体酸催化剂，那么首先是反应物料与催化剂的分离，分离后的催化剂循环回反应器，反应物料经过碱洗和水洗脱除夹带的微量液体酸，之后进入蒸馏塔，塔顶分离出过量的异丁烷循环回反应器，塔底得到烷基化汽油。如果使用固体酸催化剂，分离系统相对简单，反应后的物料直接进入蒸馏塔进行分离。（4）催化剂再生系统：烷基化过程中，液体酸和固体酸都存在失活现象，都需要采用相应的方法进行再生，再生后的催化剂在烷基化反应器内循环使用。

2.27　油品添加剂 MTBE

随着环保法规越来越严格，车用汽油正朝着低硫、低烯烃、低芳香烃和高辛烷值的方向发展。在汽油中加入醚类化合物可以在一定程度上改善汽油的燃烧性能，降低尾气污染物排放。醚类化合物指分子中含有醚键的化合物，它的辛烷值高，燃烧热值、相对密度、蒸气压、沸点等性质与汽油中烃类十分相近，还可以与烃类完全互溶，并且汽油中掺入醚类化合物后，燃烧产生的尾气中一氧化碳和不完全燃烧烃类明显减少。常见的醚类化合物有甲基叔丁基醚 (MTBE)，其研究法辛烷值为 117，马达法辛烷值为 101。

MTBE 可通过甲醇和异丁烯发生水合反应得到（图 2.37），工业上一般采用大孔磺酸阳离子交换树脂作为催化剂。为了防止催化剂失活，对原料中的水、金属离子、胺类等碱性物质的含量有一定要求，因此在原料在进入醚化反应器前需要进行净化。也可以用孔径较大的分子筛作为催化剂，如 ZSM-5、ZSM-11，可提高异丁烯的转化率、MTBE 选择性和产率，且分子筛催化剂的热稳定性更好，采用焙烧的方法即可进行再生。

醚化反应的进行受到很多因素的影响，其中最重要的影响因素是反应温

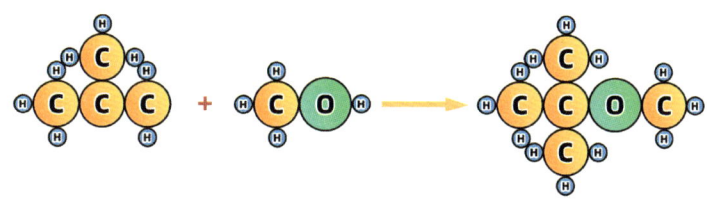

图 2.37　合成 MTBE 的反应

度。由于醚化反应的主反应为可逆放热反应，反应热为 37 千焦 / 摩。较低的温度有利于提高平衡转化率，抑制副反应的发生，提高反应选择性。但是如果反应温度过低又会使反应速率过慢，因此通常选择 50～80℃作为较合适的醚化反应温度，异丁烯转化率可达到 90%～95%。其次是反应物中的醇烯比，提高醇烯比可以抑制异丁烯的叠合副反应，提高异丁烯转化率，但是同时也会增加产物分离设备的负荷与操作费用，生产中通常采用的甲醇和异丁烯物质的量比为 1.1∶1。最后是压力影响，由于醚化反应是液相反应，因此只要能使反应体系保持为液相即可，压力一般为 1.0～1.5 兆帕。另外，空速与催化剂性能也与醚化反应的转化率和选择性密切相关。

> **小贴士**
>
> 在移动床或流化床催化裂化装置中，催化剂不断地在反应器和再生器之间循环，但是在任何时间，两器内部各自保持有一定的催化剂量。两器内经常保持的催化剂量称为藏量。每小时进入反应器的原料油量与反应器藏量之比称为空间速度，简称空速。如果进料量和藏量都以质量单位计算，称为质量空速；若以体积单位计算，则称为体积空速。

工业装置上，醚化反应是在固定床反应器或膨胀床反应器内进行的，反应物料为液相，反应后的产物中除了目标产品 MTBE，还有未反应的甲醇以及一些 C_4 组分，它们之间可以形成共沸物，给产物分离和原料回收造成了一定难度。因此，反应后的产物会先进入共沸分馏塔，将甲醇和 C_4 的共沸物蒸出，塔底得到 MTBE 产物；塔顶共沸物经过水萃取塔，塔顶得到反应后剩余的 C_4，塔底是甲醇水溶液；最后再从甲醇水溶液中得到甲醇并返回反应器（图 2.38）。反应后剩下的异丁烷、正丁烯及少量异丁烯等 C_4 组分，可作为烷基化的原料。

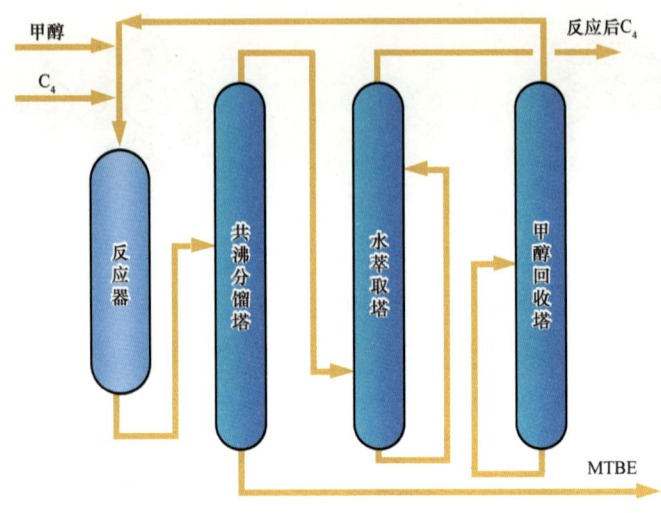

图 2.38 合成 MTBE 的工艺原理流程图

醚类化合物作为汽油调和组分可以提高汽油中的氧含量,但是考虑到 MTBE 会污染地下水源,对健康环境可能存在的影响以及国家车用汽油质量标准对汽油中氧含量的限制,MTBE 在汽油中的掺入受到了一定的限制。

2.28 什么是重油的梯级分离?

重油也叫重质油,包括重质原油、油砂沥青及石油加工中产生的渣油,具体来说,重油是由原油中分子量大、氢碳原子比低的众多化合物所组成的复杂混合物,其组成和结构具有复杂性和多层次性,既含有各种烃类分子与非烃类分子(含硫、含氮、含氧化合物及金属有机化合物),又含有以胶状和沥青状形式存在的超分子聚集体。那么如何才能合理加工和利用这些重油呢?

传统途径是将重油当作一个整体进行加工,但是随着对重油认识的进一步加深,发现重油中也存在一些优质原料,可以利用常规的催化裂化手段进行加工；中质原料可以进行加氢转化；剩余的富集了非理想组分的劣质残渣可以作为低价值的燃料、用于气化造气或制备碳材料等用途。就如，熬粥的米中有大米、小米还夹带一些沙子，首先需要淘米，将沙子除去，再把大米和小米分开，最后熬成大米粥和小米粥。类似地，科学家们提出了"先梯级分离、再催化转化、剩余残渣高值化利用"的重油加工思路。要实现上述加工利用思路，首先需要将重油中含有的优质、中质和劣质原料分开。

重油梯级分离技术，也称重油超临界流体萃取分馏技术。这里提到的超临界，是指当溶剂温度、压力处于临界温度、临界压力以上时，溶剂的状态为超临界状态。处于超临界状态下的溶剂，具有在常规条件下不具备的性质，如超临界流体的密度对其所在的温度、压力十分敏感，而溶质在超临界溶剂中的溶解能力又主要取决于溶剂的密度。因此，在某个温度与压力范围内，超临界溶剂在较低的温度时密度较大，用其对溶质进行萃取；而其在较高的温度时密度较小，溶质从溶剂中析出进而实现溶质的分离。利用以上原理，以超临界正构烷烃为溶剂对重油进行梯级分离，具体过程如下：超临界溶剂和重油同时进入萃取塔，将其分为高收率的脱沥青油和高软化点的脱油沥青，脱油沥青相由萃取塔底部流入沥青蒸发器蒸发掉溶剂后，就会得到脱油沥青；萃取得到的脱沥青油从萃取塔顶部流出，进入二段加热炉和二段分离器，进一步分为轻重两股流体，分别除去溶剂即可得到轻脱沥青油（轻脱油）和重脱沥青油（重脱油）（图2.39）。常用的超临界溶剂有丙烷、丁烷、戊烷以及它们的混合物。超临界萃取的温度、压力、剂油比等参数与所用的超临界溶剂有关。

虽然不同种类、不同来源重油的化学组成与结构相差很大，但经过超临界分离后获得的超临界组分的性质和组成呈现一定的规律性变化，脱沥青油的分子量、残炭、重金属、沥青质等含量明显比重油原料低，可以作为催化裂化或加氢裂化的原料，显著提高了轻质油品收率。催化裂化的副产物油浆也可以按照梯级分离的思路，分离出合适的富含芳香烃馏分可以生产针状焦或碳纤维，富饱和烃可以进行催化裂化，富胶质组分可以调和道路沥青。

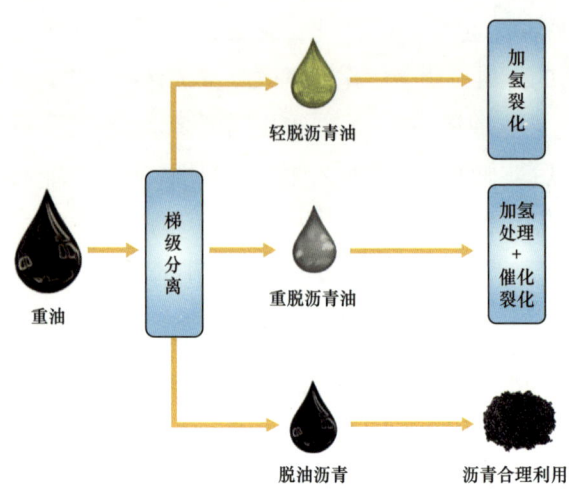

图 2.39　重油梯级分离过程示意图

重油的梯级分离技术实现了重油组分的按质分离,为重油"量体裁衣"式加工利用提供了可能性。

2.29　润滑油加工为什么要经过这么多步骤?

润滑油产品是由基础油与添加剂调和出来的。基础油可从原油蒸馏出来的减压蜡油或减压渣油中生产得到,但这些馏分含有较多的杂质,不能直接作为基础油使用,因此减压蜡油需要进行溶剂精制、溶剂脱蜡和补充精制等加工过程,才能生产得到基础油。

溶剂精制就是用溶剂把原料中不理想的组分分离出去。那么什么是润滑油原料中的不理想组分呢?它主要指胶状沥青状物质和多环短侧链的芳香烃,它们的存在会使油品易氧化变质,影响润滑油的使用寿命,或者使润滑油的黏温性质变差。

> 小贴士
> 黏温性质指油品黏度随温度的变化程度,黏温性质好,油品的黏度随温度变化小。

在溶解方面有一个规律叫"相似相溶",就是指结构相似的物质容易相互溶解。润滑油非理想组分有一个共同点,就是它们的分子中都含有许多芳香环结构。按照相似相溶的原则,需要用结构相似的溶剂才能把它们除去。所以,在生产上常用在分子中具有环状结构的苯酚、糠醛或 N- 甲基吡咯烷酮作为溶剂来精制润滑油原料(图 2.40)。

图 2.40 苯酚、糠醛、N- 甲基吡咯烷酮分子结构式

减压蜡油和减压渣油中往往含有一定的蜡,即使在常温下它们的流动性也不太好,甚至不能流动,更何况是在低温下。而润滑油产品一定要适应温度的变化,在冬季低温下也要能自由流动才行,这就要求润滑油的凝点低。因此,必须把润滑油原料中所含有的蜡脱除。目前,常用的方法是溶剂脱蜡

法，就是用溶剂把润滑油原料溶解稀释后，再降低温度使蜡结晶出来，然后用过滤机把蜡滤掉并将溶剂回收回来，所得脱蜡油的凝点可以显著降低。脱蜡溶剂是要溶解润滑油原料中的理想成分，同时要尽量少溶解蜡。最常用的脱蜡溶剂是甲苯和丁酮的混合剂，可根据润滑油原料的性质调节两种溶剂的比例，以达到脱蜡油中含蜡少和脱出的蜡中含油少的双赢效果。

假如要生产重质润滑油，就需要从减压渣油中取得一部分高黏度的润滑油基础油，即光亮油。减压渣油中胶状沥青状物质不仅含量多，而且结构更加复杂，单靠溶剂精制已"招架不住"。因此，需要在溶剂精制之前增加一个以丙烷、丁烷为溶剂的脱沥青过程，用以"大刀阔斧"地除去胶状沥青状物质。

就算经过了上面这些处理过程，润滑油原料里往往还会有少量杂质漏网，为了保证产品质量，最后还得用白土吸附精制或加氢精制等方法来彻底除去（图 2.41）。

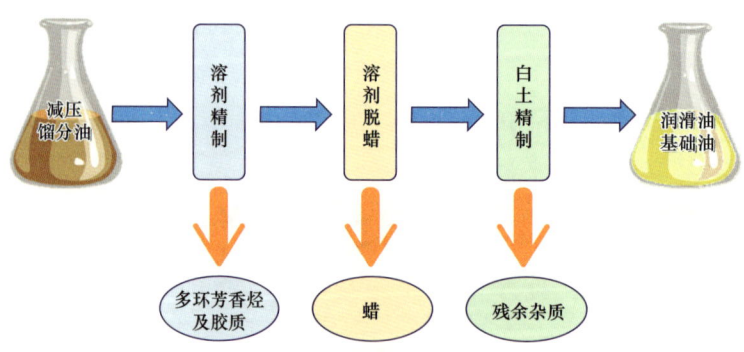

图 2.41　润滑油溶剂处理流程

除了采用上述溶剂分离的方式生产润滑油基础油，目前工业上也经常采用加氢的方式生产润滑油基础油。例如，溶剂精制过程采用加氢精制替代，将非理想组分转化为理想组分；溶剂脱蜡过程采用加氢异构脱蜡替代，通过临氢异构化降低基础油的凝点。

2.30 炼油厂一般能得到哪些化工原料和产品?

由于石油资源丰富，制取烯烃与芳香烃的方法更简单且成本较低，目前绝大部分的基本有机化工原料是从石油中获得的。炼油厂可以获得的基本有机化工原料主要包括"三烯""三苯"等（图 2.42），这些基本化工原料虽然不能直接用于我们的日常生活，但是它们作为合成橡胶、合成纤维、合成树脂、洗涤剂、医药、香精、染料等大宗化工品和精细化工产品的重要原料和中间体，与我们的日常生活息息相关（图 2.42 和图 2.43）。

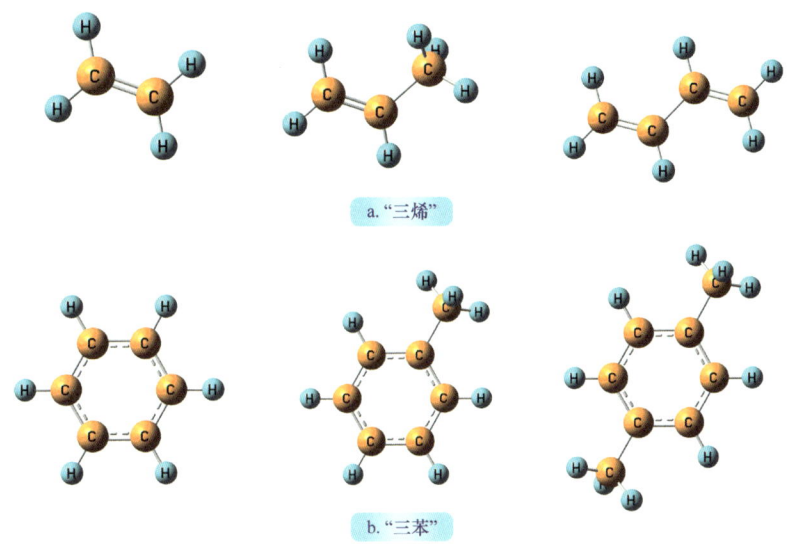

图 2.42 "三烯""三苯"的分子结构示意图

"三烯"指乙烯、丙烯和丁二烯，它们的分子式分别为 C_2H_4、C_3H_6 和 C_4H_6，都含有不饱和的碳碳双键（C=C），因此化学性质相当活泼，可与多种物质反应生成重要的有机化工产品。其中，乙烯是石化工业的龙头，主要用于合成聚乙烯、二氯乙烷、聚氯乙烯等，其生产规模可以衡量一个国家石油石化行业的发展水平。目前，主要使用蒸汽裂解和催化裂解技术生产乙烯，通常要将石油馏分加热到 750～800℃甚至 1000℃以上，使碳数较多的烃类中 C—C 键断开，减少碳原子数目并脱掉部分氢原子，再通过低温蒸馏

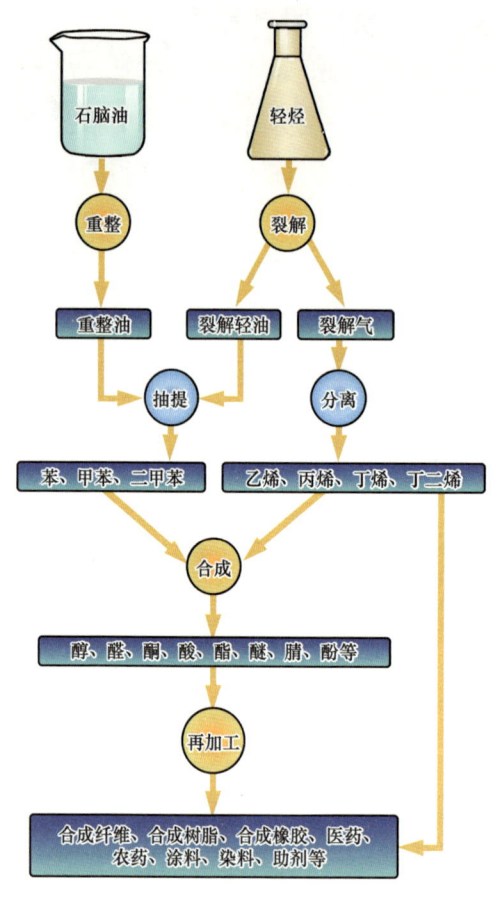

图 2.43 基本有机原料的来源

从裂解产物中分离得到乙烯。丙烯是仅次于乙烯的重要石油化工基本原料，与其他有机物不同，丙烯大多以联产物或副产物的形式出现，一部分来自炼油厂，是催化裂化生产汽柴油时的副产物，一般通过油吸收的方法进行回收；另一部分是来自轻烃蒸汽裂解制乙烯时的联产物。丁二烯是合成橡胶的重要单体，也是合成树脂及许多石油化工产品的基本原料，可以由丁烷/丁烯脱氢或从蒸汽裂解装置的副产物混合 C_4 组分中分离获得。

"三苯"指苯、甲苯和二甲苯，它们的分子式分别为 C_6H_6、C_7H_8 和 C_8H_{10}，分子结构中都含有一个苯环。苯环很容易与较多物质发生化学反应，因此利用苯系芳香烃可以生产出一系列芳香族化合物作为合成化工产品的原料，包括苯乙烯、苯酚、环己烷等，从而进一步制造合成橡胶、合成树脂、合成纤维等。

"三苯"的主要来源有两个：一是石脑油催化重整，重整油的芳香烃含量为 50%~70%，其中以甲苯和二甲苯为主；二是蒸汽裂解制乙烯得到的副产裂解汽油，裂解汽油中芳香烃含量为 50%~70%，对其催化加氢可脱除单烯烃、二烯烃，以及含硫、氮、氧、重金属的化合物。还有少量芳香烃来自煤炼焦的过程中产生的煤焦油，其主要成分是苯和二甲苯。将重整油、裂解汽

油、煤焦油进行专门的分离、提纯后可得到高质量的芳香烃产品。值得注意的是，有些芳香烃会对人体造成伤害，在进行加工生产时一定要注意防护。

2.31　小分子烯烃也能从催化裂化中来

小分子烯烃即低碳烯烃。说起低碳烯烃，大家可能并不熟悉，但是我们平时生活中用到的塑料袋、矿泉水瓶、塑料水桶、插线板等都是以低碳烯烃为原料制成的。作为最重要的有机化工原料之一，低碳烯烃的市场需求量大且逐年上升。蒸汽裂解是生产低碳烯烃的主要途径，但是只能用轻烃、轻柴油、加氢尾油等作为原料，这些原料产量有限，不能满足市场需求，因此科学家就想到，有没有可能找到一种方法可以从重质石油馏分中制备低碳烯烃呢？

按照催化转化的思路，科学家们发明了一系列催化裂化多产低碳烯烃的技术，以提高低碳烯烃的收率。与传统催化裂化工艺相比，催化裂化多产低碳烯烃技术的蒸汽耗量较大、反应温度高、剂油比大，一般使用 ZSM-5 助催化剂。除此之外，将部分产品（如汽油、碳四烃）回炼也能提升乙烯和丙烯收率；且还可以使用双提升管反应器（图 2.44），将部分产品回注到第二根提升管进行回炼能进一步提升乙烯和丙

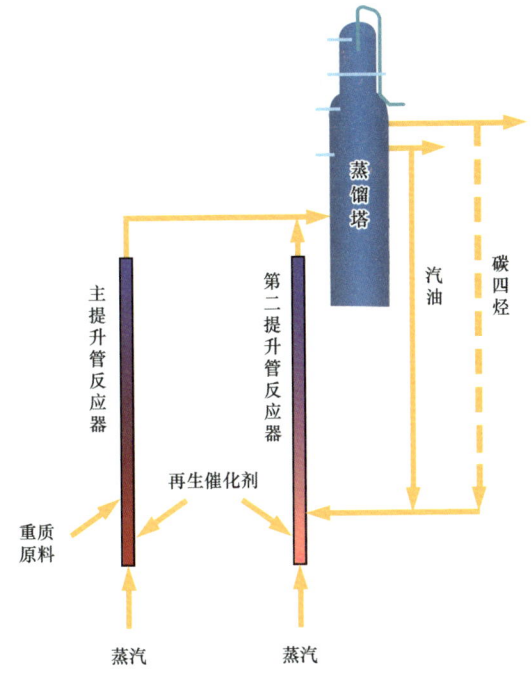

图 2.44　催化裂化双提升管反应器多产低碳烯烃示意图

烯收率。下面将对一些有代表性的催化裂化多产小分子烯烃工艺进行介绍。

> **小贴士**
> 平行顺序反应：反应可以同时向几个方向进行，并且初次反应的产物可以继续进行反应。

第一种是深度催化裂化工艺（DCC）。因为催化裂化工艺是复杂的平行顺序反应，随着反应深度的增加，依次获得柴油、汽油、气体，进一步增加反应深度即可获得大量气体。该工艺以重质馏分为原料，采用固体酸择形分子筛作为催化剂，反应温度为500～550℃，产物主要是低碳烯烃、异构烯烃。根据操作条件的不同，DCC 工艺进一步可分为 DCC-Ⅰ和 DCC-Ⅱ 两种。DCC-Ⅰ的操作条件较为苛刻，在提升管加密相流化床反应器内进行，通过控制氢转移反应速率最大量得到丙烯；DCC-Ⅱ 操作条件较为温和，在提升管反应器内进行反应，在最大量生产低碳烯烃的同时，兼产高辛烷值优质汽油。

> **小贴士**
> 氢转移的具体体现：环烷烃等放出氢使烯烃饱和，而自身变成芳烃；或一个烯烃放出氢给另一个烯烃分子。

第二种工艺是 MIO 技术，通过强化一次裂化反应，促进烯烃的异构化，并抑制氢转移二次反应。配套具有较多酸中心和适当孔径分布的 MIO 工艺催化剂，采取提升管反应器，与传统催化裂化技术相比，操作条件相似，但是可以大幅度提高产物中的烯烃、汽油收率。

第三种是以最大限度生产高辛烷值汽油和气体烯烃为目标的 MGG 工艺，它通过特定的催化剂使原料油中具有不同裂化性能和不同分子大小的烃，在不同酸性、不同孔径的分子筛上分别选择性裂化。这种工艺的操作条件较缓和，结合新型 RMG 催化剂和提升管反应器，具有良好选择性和较高催化活性，除低碳烯烃以外，液化气和汽油的收率也很高。在 MGG 技术基础上，还有以石蜡基常压渣油为原料的 ARGG 技术，配合抗金属污染能力强的 RAG-1 新型催化剂，实现多产液化气和汽油的目的，重油转化能力强，选择性好。

上述工艺可能在主要目标上有所区别，但是都可以大幅度提升丙烯和丁烯的收率，缓解生产生活对低碳烯烃的需求压力。

2.32　油品是调和出来的

联合国粮农组织和世界卫生组织于 1977 年在罗马召开学术研讨会，会上有专家提出，当摄入的饱和脂肪酸、单不饱和脂肪酸、多不饱和脂肪酸比例为 1:1:1 时，有助于营养均衡。这一推荐比例后来得到了世界公认。根据这一比例，食用油公司将花生油、芝麻油、玉米油、葵花籽油、菜籽油、大豆油等进行调和，得到不同品牌的食用油。

食用油可以进行调和，那么汽油、柴油等油品是否也可以通过调和来生产呢？汽油、柴油、润滑油等油品的质量要求是多种多样的，每种产品需要满足十几项甚至几十项质量指标。但是原油经过各种加工工艺所得到的产品，通常很难直接满足这些产品的质量标准，如果想要通过改进工艺、提高精制深度来获得合格产品，往往只会白白增加生产费用、降低产品的收率，甚至不能达到生产目的，因此大多数石油产品是经过调和而成的。

油品调和通常可分为两种类型：一是油品组分的调和，是将各种加工工艺得到的油品基础组分按比例调和；二是油品与添加剂的调和，在油品中加入各种少量的添加剂，就能大幅度改进油品某方面性能，有时可以解决从改进加工工艺方面难以解决的质量问题。通过油品调和，不仅可以使油品具有使用要求的各种性质与性能、提高产品的质量等级，还能使组分合理使用，有效提高产品的收率、增加产量，提高工厂的经济效益。

各种油品的调和，除个别添加剂调和外，大部分为液—液互溶的均相混合，通过扩散达到调和效果。调和工艺相对比较简单，目前常用调和的方式可分为油罐调和与管道调和两大类。

油罐调和也称间歇调和，是把待调和的组分与添加剂按所规定的比例，分别送入调和罐内，再将它们均匀混合成一种产品。调和过程中有时采用泵循环喷嘴，有时使用机械搅拌（图 2.45）。此外，还可以使用压缩空气搅拌调和，但是由于该方法挥发损失大、污染环境，已经很少使用。

管道调和也称连续调和，是将各个组分和添加剂按预定比例同时连续地

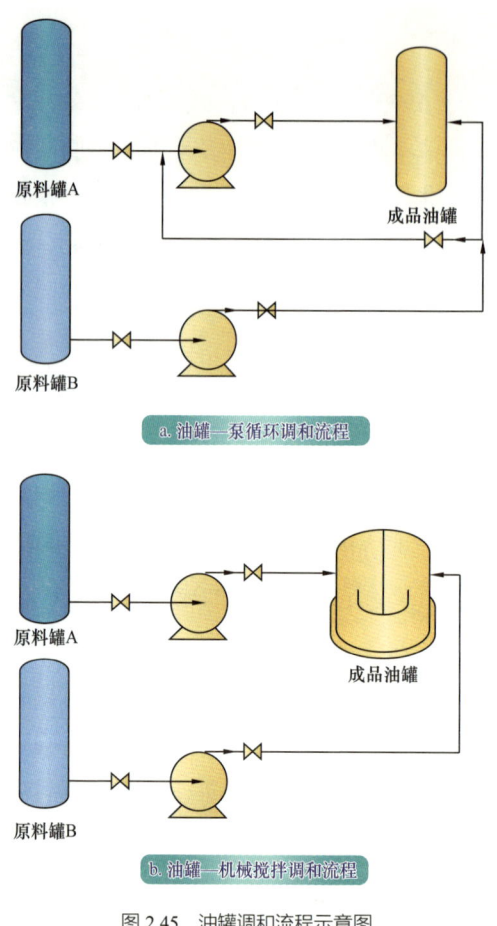

图 2.45 油罐调和流程示意图

送入总管和管道混合器进行均匀调和的方法，产品不必通过调和油罐，调和过程很简便（图 2.46）。将油罐调和与管道调和进行比较，可以发现：油罐调和适合批量小、组分多的油品调和，设备简单、投资较少；而当生产规模大、品种和组分数较少，又有足够的资金能力时，管道调和则更占有优势。

润滑油由基础油和添加剂调和而成，不同的润滑油选择不同的基础油和添加剂。润滑油添加剂的品种很多，几乎所有的润滑油都或多或少地加有一种或几种添加剂，优质润滑油一般多采用复合添加剂。润滑油的质量很大程度上取决于添加剂的品种与质量，以及它们之间的配伍关系。产量最多的添加剂是清净分散剂，主要用于内燃机润滑油，属于油溶性表面活性剂，可以防止内燃机内的酸性物质、积炭等沉积，也可以将已沉积在发动机部件上的胶状物、积炭等，通过润滑油的洗涤作用洗涤下来。

此外，添加剂还有可以抑制油品的氧化、延长油品使用期限的抗氧抗腐剂；可以在摩擦表面形成薄膜以防止磨损的极压耐磨剂；可以增加润滑油黏度与黏温性能的黏度指数改进剂；可以降低润滑油凝点并提升低温流动性能的降凝剂；可以吸附于金属表面，防止水分和氧渗入产生锈蚀并可以从金属

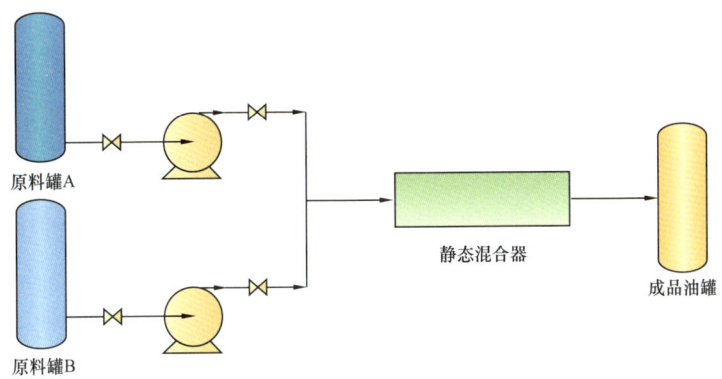

图 2.46 管道调和流程图

表面除去有害物质的防锈剂；可以避免空气和油品分解产生的气体进入润滑油，导致产生泡沫影响润滑油性能的抗泡剂；对油品有很高的降解性能及水萃取性的抗乳化剂。

燃料油里面也要加添加剂，燃料添加剂按照功能一般可分为以下几种：可以提高航空汽油和车用汽油抗爆震性能的辛烷值改进剂；可以降低起燃温度、减轻柴油机爆震的十六烷值改进剂；可以降低柴油的低温黏度和凝点，改善低温流动性能的流动性改进剂；可以防止轻质燃料油在储存过程中自动氧化生成胶质，抑制不安定烯烃氧化、聚合的抗氧剂；可以与混入油品中的微量金属离子反应形成螯合物避免油品氧化的金属钝化剂；可以防止燃料中的水在使用时结冰堵塞空气管路的防冰剂；可以提高燃料导电性能，防止燃料运输过程中发生静电荷聚集引发火灾的抗静电剂；可以吸附在摩擦部件表面，避免金属之间的干摩擦，改善燃料润滑性能，并且可以保护金属表面防止生锈、腐蚀的抗磨防锈剂。此外，还有抗微生物添加剂、抗泡沫添加剂等。

2.33 清洁汽柴油对调和原料分别有什么要求？

汽油和柴油在我们的日常生活中十分方便易得，但是商品汽柴油在进入市场前需要符合一系列规格标准，每种产品都有十分严格的性质要求。车用汽柴油都是经过调和而成的,调和是汽柴油生产的最后一道工序,将来自不同工艺的油品进行调和,往往可以获得良好的效果。

商品汽油的调和组分主要包括以下几种(图 2.47):首先是催化裂化汽油,它作为商品汽油的主要组分,在汽油中约占 2/3,具有很高的辛烷值,但是烯烃、硫含量偏高,需要进行加氢精制;催化重整汽油中芳香烃含量很高,因此具有很高的辛烷值,但是汽油标准中对芳香烃含量(特别是苯含量)有一定程度的限制;加氢裂化汽油中硫、氮含量很低,芳香烃含量低,烯烃含量很低,因此辛烷值不够高;焦化汽油的辛烷值较低,硫、氮含量偏高;烷基化汽油和异构化汽油中异构烷烃含量高,辛烷值高,硫、氮含量很低,是汽油的优良调和组分;醚化汽油中含有醚类化合物,具有较高的辛烷值和化学稳定性,但是氧含量高。相对来说,烷基化汽油与异构化汽油是理想的调和组分,重整汽油在脱除苯并保证调和汽油苯与总芳烃含量达标的情况下也是非常好的调和组分。

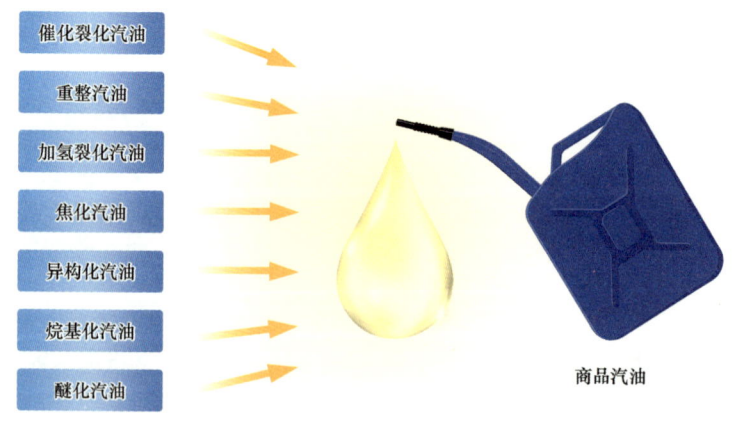

图 2.47 调和汽油示意图

至于商用柴油的调和组分,直馏柴油十六烷值和硫、氮含量均偏高,必须进行精制才能作为柴油调和组分;催化裂化柴油中含有较多芳香烃,十六烷值低,硫、氮含量高,须经过加氢改质;加氢裂化柴油十六烷值高,硫、氮含量低，是商品柴油的理想调和组分；焦化柴油十六烷值较高，但硫、氮含量很高，须进行加氢精制；裂解柴油可作为降低柴油凝点和冷滤点的调和组分，但是芳香烃与硫含量高，十六烷值低。相对来说，加氢裂化柴油是理想的柴油调和组分，直馏柴油在脱除硫、氮之后也是很好的调和组分。

有了基础调和组分后，为获得高的经济效益，需要从油品性质出发制订具体的调和方案。如果油品调和后的性质等于各调和组分的性质按调和比例的加和值，那么这种调和就是线性调和；否则称为非线性调和，即调和后的数值与线性估测值有偏差。油品的组成十分复杂，因此一般调和大多属于非线性调和。例如，由几个组分调和而成的汽油，在燃烧时来自不同组分的中间产物有可能会相互作用，改变燃烧反应历程，表现出的燃烧性能也随之发生变化。因此，调和汽油的辛烷值与各组分实测的辛烷值并不是简单的线性加和关系。例如，大庆原油170~360℃直馏馏分的凝点为−3℃，催化裂化油相同沸程馏分的凝点为−6℃，但将两种馏分油按照相同比例混合，得到的调和油凝点为−14℃。因此，在工业上，油品调和采用的是经验和半经验的方法。

汽油和柴油作为最重要的燃料产品，在它们的调和过程中，具体需要考虑哪些性质呢？首先对于汽油，辛烷值和蒸气压是可以通过调和达到规格标准的，是汽油性质的主要指标。其中，辛烷值是衡量汽油抗爆性的指标，也是汽油的牌号，可以根据各组分的调和辛烷值按照经验公式计算调和汽油的辛烷值。汽油的蒸气压大小表示汽油汽化的程度，是控制汽油在夏季热天不发生气阻和冬季低温启动性的指标，可以通过将雷德蒸气压（RVP）换算成蒸气压调和指数（VPBI）后，按照加和规律计算，或者按照经验公式计算。

对于柴油，十六烷值代表柴油发动机中着火性能的一个约定量值，可以通过经验公式进行计算，或根据线性加和进行估算；凝点是柴油的重要使用性能，是指在低温下失去流动性的最高温度，引入凝点换算因子进行计算；闪点是表征石油产品蒸发倾向性和安全性的指标，通过计算单一油品的闪点指数，计算调和油品的闪点指数，从而估算混合油品的闪点；油品的初馏点、干点、馏程直接采取实验测量的方法确定。

2.34 原油加工的难点和方向在哪里？

随着科技的进步以及人类社会的发展，人们对石油的需求量越来越大，对石油产品的要求也越来越高。但是从全球石油的储量来看，重质原油和油砂沥青的储量约为常规原油的10倍，因此开采出的原油必然会趋向于重质化，再加上我国的大多数原油偏重，减压渣油含量高，因此如何经济、高效地利用重油是石油炼制工业目前要解决的重点问题。

石油加工业需要重油轻质化，也就是将重油加工为轻质油品。其本质是调整烃类的氢碳原子比，氢碳原子比越高，分子量越小，油品越轻。目前，提高氢碳原子比的方式有两种：一种是脱碳反应；另一种是加氢反应。溶剂脱沥青是物理过程，将碳以沥青方式脱除；焦化、催化裂化等化学过程以焦炭方式脱碳。重油加氢包括加氢处理和加氢裂化两类技术。在实际操作过程中，并不会单单选取脱碳或加氢的一种工艺，往往将若干加工工艺组合起来才能取得理想效果，如将重油先进行加氢处理，处理后的重油再进行催化裂化，以得到更多的汽油、柴油等轻质油品。

将重油轻质化后，可以获得许多轻质组分，如何利用这些轻质组分尽可能扩大经济效益呢？在"双碳"背景和新能源大力发展的趋势下，全球对"三烯"和"三苯"等化工原料与产品的需求增长率明显高于油品，并且由于受到原油价格和市场竞争的限制，石化产品会给炼油厂带来更多利润。因此，越来越多的炼油企业向化工方向延伸，除生产燃料产品以外，根据原油性质和生产条件等因素，不同程度地生产高附加值的化工原料及产品，如烯烃、芳香烃、聚合物的单体等，实现炼油—化工一体化（简称炼化一体化）生产。这种加工方案可以充分利用石油资源，也是提高炼油厂经济效益的重要途径，符合石油加工的发展方向。那么如何实现炼油与化工的耦合生产呢？

以炼化一体化加工方案为例（图2.48），原油经过蒸馏后，得到石脑油，根据石脑油的性质选择加工路径。如果获得的是环烷基石脑油，可以将其作为催化重整的原料，经过芳香烃抽提可以分离出苯、甲苯、二甲苯；如果获得的是石蜡基石脑油，则进行蒸汽裂解，产生"三烯"和"三苯"。除了原油，凝析油也采用类似的思路进行加工，经过分馏后得到环烷基石脑油或石蜡基石脑油，分别采取上述的加工手段。此外，炼油厂中的干气（如富含烯烃的催化裂化气体）可以与蒸汽裂解气体产品一起进行分离得到乙烯、丙烯产品。蒸汽裂解产生的氢气、裂解燃料油、C_4、C_8 组分可以作为油品加工与调和的原料进行利用。

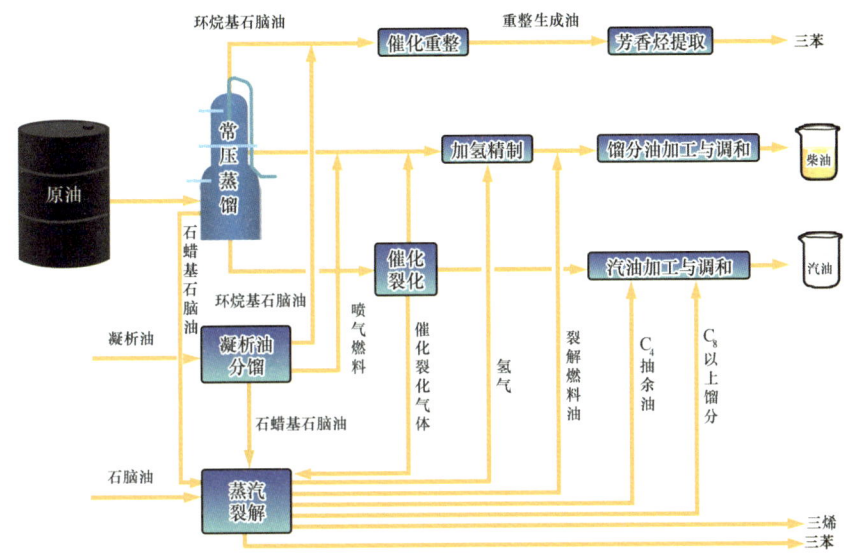

图 2.48 炼化一体化加工方案

除了炼化一体化方向，特种产品生产也是我国化工行业发展的方向。随着炼化工艺技术的进步，有特定性质的优质原油可以加工成特种润滑油、特种石油蜡、特种沥青、高品质针状焦等，满足特殊工业需要。可以根据市场需求对拥有丰富原油资源的炼化企业进行调整，扩大特种油品产量，提高产品质量，实现更大经济效益。

2.35 将每一滴原油吃干抹净——"分子炼油"

石油是高度复杂的有机混合物，石油炼制的主要目的，就是将结构差异大的石油分子分割或转化为特定分子组成的汽油、柴油、航空煤油、润滑油等油品以及多种多样的化学品。传统石油炼制的原料和产品往往是某一沸点范围的混合物，很少从分子水平考虑原料和产品。而分子层次的组成、结构信息和过程模型，无疑是原料、产品及加工方案优化的重要基础。

炼油过程的传统模型构建，限于仪器分析水平和计算机计算能力，很难得到详细的分子信息，所以只能通过虚拟组分或集总的方法进行简化处理。目前的主流商业软件多采用这样的模型。然而这样构建出的模型，无法满足产品关键质量的精细计算需求，模型的外推性不好，不同单元由于组分定义不同难以衔接，条件一旦变动可能就需要重新建模。

> **小贴士**
> 虚拟组分实际不存在，可理解为根据沸点段虚拟出来的组分；集总指具有相同结构的大类，如烷烃、芳香烃等。

而分子炼油，遵循"物尽其用、各尽其能"的理念，按照"宜烯则烯、宜芳则芳、宜特则特"的原则，完全从分子水平去考虑炼油过程，无论是组分表征，还是模型计算，都直接以分子为基本单元，从过程本质出发，理论上就可以获得普遍适应的理论模型，预测性强、外推性好、可以无缝衔接进行建模（图2.49）。通过对各个馏分不同结构石油分子的充分了解，就可以依据各种分子的特点和优势以及加工流程的特殊性，以最高性价比购买最适合自己的产品结构和加工流程的原油，做到"无浪费、吃干榨净"。同时采用最经济的手段去除某一产品中影响产品质量的杂原子，精确预测中间物流和产品的性质，从而在获得最佳产品结构和质量的同时，大幅降低加工成本。而且，可结合市场需求，改进或创新产品，提高石油分子利用的附加值。因此，分子炼油具有很高的经济效益。

目前，分子炼油的研究可以分为以下四个方面：

（1）分子组成和原料的构建。从分子尺度对不同来源石油不同馏分的分子组成特点进行认识，开发出分子层次的仪器表征方法，以及适用于石油分子的模型化方法，实现石油特征分子的计算机语言表达，作为分子炼油的"输入端"。

（2）分子及其混合物性质的预测。预测单体分子和混合物的物理化学性质，要基于计算机机器学习方法开发出石油分子的结构—性能关联模型，从分子结构出发预测其热力学性质和其他关键性质，为后续建模提供基础物性数据。该过程必须要体现各个分子对关键性质的不同贡献，作为后续判断分子可加工性能的重要参考。

（3）分子层次的模拟过程构建。构建石油加工模型是分子炼油的核心技术，主要包括对分子在分离、反应转化过程的规律认识，开发出计算机辅助的复杂石油分子分离及转化过程模型。

（4）分子尺度的石油转化链条优化。根据原料分子选择优化的加工路线，根据目标分子优化工艺条件，并将模型与炼油厂的信息系统集成，在工业中进行应用，使各石油分子物尽其用、各得其所，这是分子炼油的"输出端"。

分子炼油技术是炼油化工行业朝着高效、精细、绿色化方向发展的必经之路，是未来大势所趋。

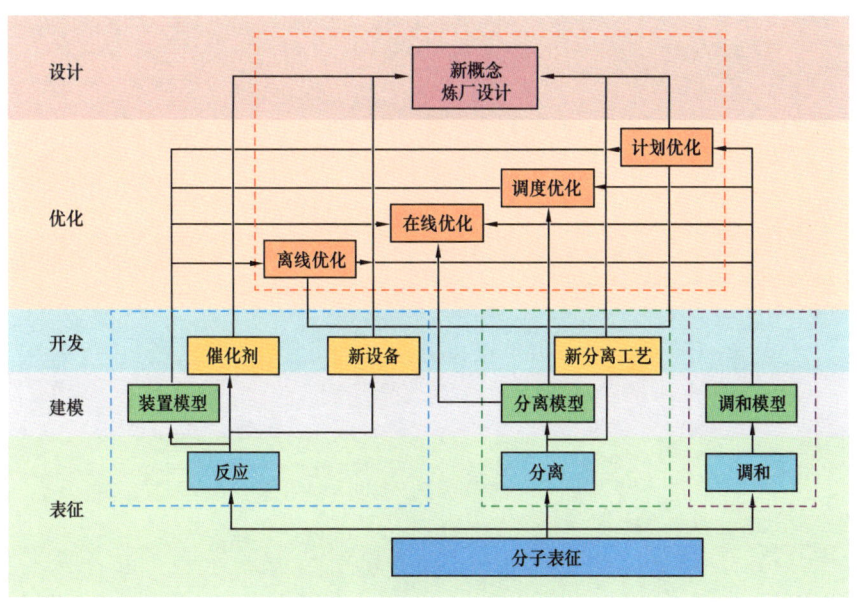

图2.49　分子管理技术的应用层面

三　丰富多彩的石油产品

为什么汽车可以在高速公路上奔驰？为什么飞机可以在天空上翱翔？高速路上为什么铺设沥青？怎样才能让生日宴会上的蜡烛不流泪？机械设备离开润滑油能行吗？要回答好这些问题，就需要先对石油产品有个基本的了解。跟随油博士一起来认识这些丰富多彩且神通广大的石油产品吧。

丰富多彩的石油产品视频

3.1 石油是个聚宝盆

自从 19 世纪中期石油被人们从地下开采出来以来，石油在全球政治经济格局中扮演着越来越重要的角色，可以说，石油已成为当今世界上至关重要的国家战略储备和商业储备。

石油能制成的产品数不胜数，大体上包括燃料、润滑剂、石油沥青、石油蜡、石油焦等各类油品，有 500 多种；合成树脂、合成纤维和合成橡胶三大合成材料至少有 1500 种；至于以石油为原料制成的表面活性剂、添加剂、黏合剂、清洗剂、医药、农药、香料、染料、涂料和助剂等各类化学合成的高值化精细化工产品，那就更不计其数了。

人们的生活环境大部分都和石油有关，从衣食住行来看，哪样都和石油及石油的衍生品密不可分。现在人们的衣着可谓琳琅满目、色彩鲜艳，各种款式的服装不仅亲肤有质感，而且美观耐穿，这归功于尼龙、涤纶、腈纶、维纶等合成纤维以及各色染料的迅速发展，为我们编织了七彩霓裳。此外，对于能有效清洗各种衣物的清洁剂，也都是源于石油的衍生品——阴离子表面活性剂。

有人可能认为石油又不能吃，与"食"似乎无关。其实石油与"食"关系也很大，且不说现在很多食品用的塑料包装袋，单说要使农作物丰产，其培育过程中的施肥和杀虫都离不开石油及其产品的参与。

再来看现在的房屋，建筑和装修是离不开合成树脂（塑料）的，无论是门窗、顶棚、橱柜以及灯具等，都是以各种各样的合成树脂为原料。在现代家庭中，离不开用塑料制成的既轻便又时尚美观的家具；纵然是木制的家具，也要用到黏合剂及涂料等，而这些均来源于石油。

至于"行"，石油是最重要的燃料。开汽车要用汽油，坐飞机得用航空煤油，农业机械用的是柴油，船舶使用的燃料是燃料油，可以说，石油是交通工业的血液。润滑油和润滑脂是这些动力机械运转时的液体润滑剂。再者，石油沥青道路和合成橡胶轮胎也都来源于石油。

三 丰富多彩的石油产品

由此可见，从石油可以变出如此众多的、从生产到生活不可或缺的产品。让食品更多样、更保鲜；让衣服种类更丰富、更舒适；让居住更环保、更美观；让出行更便捷、更安全。所以说，石油真是个"聚宝盆"（图3.1）。

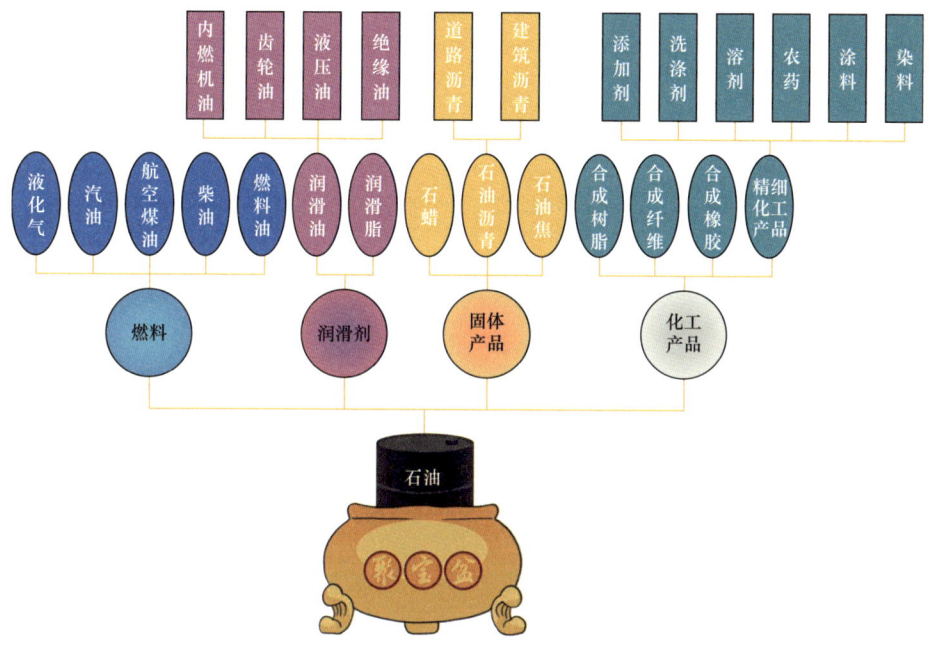

图 3.1　石油的各种用途

3.2　为什么不同的汽车要使用不同牌号的汽油？

当我们进入加油站准备给汽车加油时，会看到加油机上标识了不同的数字，有89、92、95等，这些数字就是汽油的牌号。但是你知道这些数字表示什么意思吗？应该为自己的爱车选择加什么牌号的汽油？要是加错了，对汽车有什么影响呢？

首先了解一下汽车发动机的工作原理。发动机为汽油的燃烧提供场所，包括燃料供给、冷却、润滑、点火、启动五大系统。汽油和空气进入发动机

099

后，经过压缩，在气缸里达到一定温度和压力时由电火花点燃混合气体，混合气体燃烧后对活塞做功，由此将汽油燃烧产生的热能转化为机械能。发动机在运转时以进气、压缩、燃烧膨胀做功、排气四个步骤（也叫冲程）为一个做功循环，以此不断循环进行（图 3.2）。

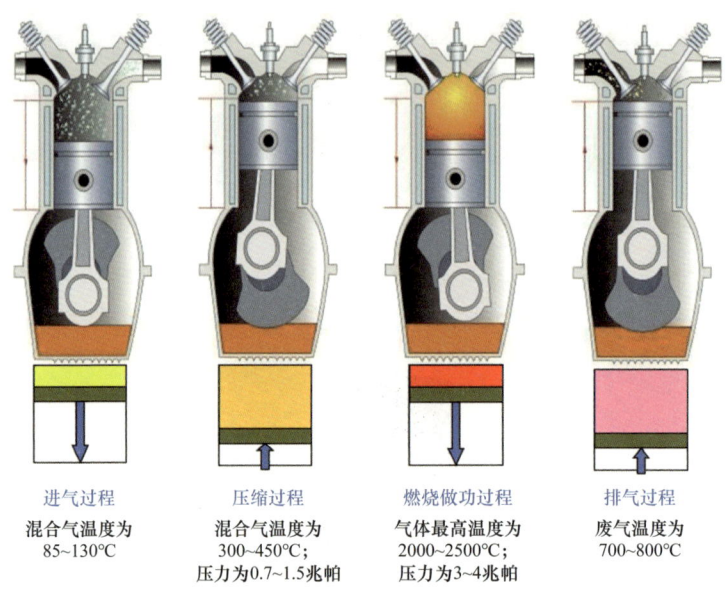

进气过程
混合气温度为
85~130℃

压缩过程
混合气温度为
300~450℃；
压力为0.7~1.5兆帕

燃烧做功过程
气体最高温度为
2000~2500℃；
压力为3~4兆帕

排气过程
废气温度为
700~800℃

图 3.2　点燃式汽油机工作的四冲程示意图

汽油在气缸中正常燃烧时，以火花塞点燃后的火焰为中心点，类似于水波纹一样向周围扩散燃烧起来，产生动力驱动汽车行驶。但是，当汽油爆震燃烧时，某几处的油气会在火焰尚未扩散到时提前发生燃烧，并且火焰以此为中心向周围扩散燃烧。这样在气缸内就出现了两个甚至多个火焰传播中心，破坏了气缸中本应该只有一个火焰传播中心的情况。这样就会导致气缸中的温度和压力急剧升高，且多个火焰波相互碰撞，作用在汽油机上就出现了敲击声，这就是爆震现象，俗称敲缸。

为了确切表征汽油在抗击爆震燃烧方面的能力，人们提出了一个重要的质量指标——辛烷值。与人为地规定水沸腾时的温度为 100℃、结冰时的温度为 0℃ 一样，采用两种石油化合物作为参比燃料。规定一种在汽油机中燃烧性能极好的异辛烷（2,2,4-三甲基戊烷）的辛烷值为 100，另一种燃烧性能极差的正庚烷的辛烷值为 0，两者的混合物以其中异辛烷的体积分数为其辛烷值，用异辛烷与正庚烷配制一系列不同辛烷值的参比燃料，若待测燃料的抗爆震性与某参比燃料相当，则认为二者具有相同的辛烷值。研究法和马达法是测量辛烷值的两种常用方法，由于测定条件不同，导致采用两种方法测定同一汽油的辛烷值数据有一定的差值，通常马达法辛烷值（MON）低于研究法辛烷值（RON）。平时看到的汽油牌号 89、92、95 和 98，指的就是汽油的研究法辛烷值分别不低于 89、92、95 和 98。

此外，汽车选用汽油牌号还需要与发动机的压缩比相匹配。所谓压缩比，即发动机气缸中气体的体积随着活塞上下运动被压缩的倍数。如图 3.3 所示，活塞压缩气体在气缸中能达到的最高位置称为上止点，这时剩余的气缸容积记作 V_2；活塞吸入气体在气缸中能达到的最低位置成为下止点，这时气缸的容积记作 V_1，压缩比的数值就是 V_1/V_2。压缩比较高，也就是压缩后的体积越小，越容易引起爆震，这时就要选择高辛烷值的汽油来避免产生爆震，也就是说，压缩比越高的汽车对汽油牌号的要求越高。每辆车的压缩比和适用汽油牌号在汽车油箱的加油盖上和说明书上都有标注，在加油前一定

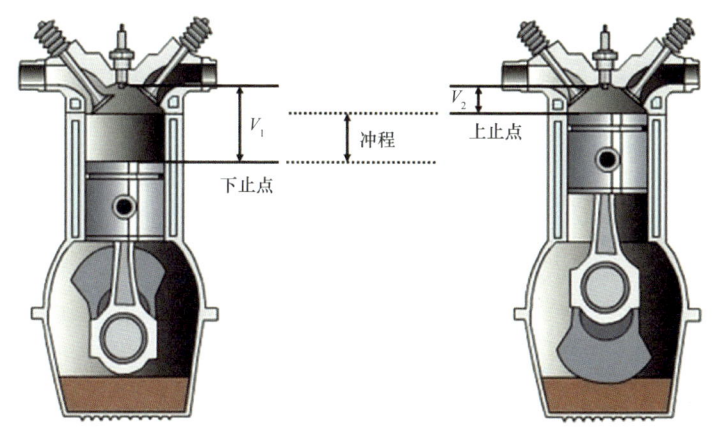

图 3.3　汽油机上止点与下止点示意图

要确认清楚。如果加入了低牌号的汽油，发动机容易产生爆震现象。另外，由于发动机的压缩比是恒定的，加了高牌号的汽油并不会增强汽车的驾驶性能，只能白白浪费，所以适合的才是最好的。

3.3 汽油的理想成分是什么？

原油经过蒸馏后会得到一部分汽油馏分，但由于它没有达到车用汽油的质量标准，并不能作为车用汽油燃料。就拿衡量汽油质量的最主要指标——研究法辛烷值来说，现在要求至少是89，也就是所谓的89号车用汽油。而原油蒸馏得到的汽油馏分的辛烷值一般低于60，与要求相差甚远。我国炼油结构的特点是催化裂化加工规模大、占比高，其生产的汽油调和组分占整个车用汽油的70%左右。尽管催化裂化汽油的辛烷值接近90，但是现在的小轿车发动机的压缩比较高，一般都需要92号汽油，有的甚至还需要95号或98号汽油（图3.4）。因此，进一步提高汽油的辛烷值势在必行。

说到底，汽油的燃烧性能与其组成是紧密相连的。汽油产品主要由烷烃、烯烃、环烷烃和芳香烃等碳氢化合物组成。对于碳数相同的烃类，正构烷烃的辛烷值最差，环烷烃和正构烯烃的辛烷值一般，异构烷烃和异构烯烃的辛烷值较好，芳香烃的辛烷值最高。所以，将具有高辛烷值的异构烷烃和芳香烃掺入汽油产品中，可以达到92号、95号、

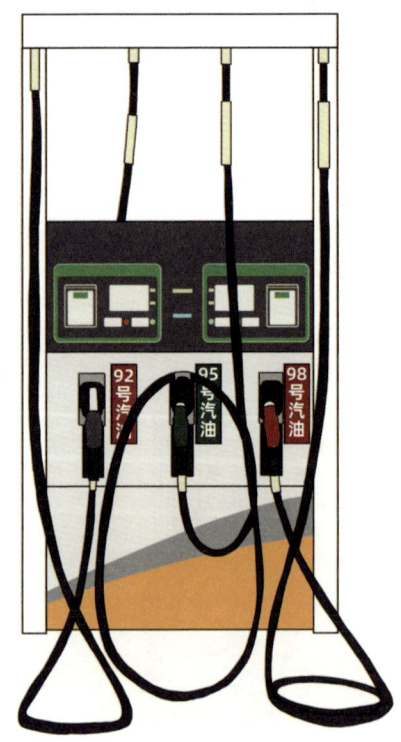

图 3.4　不同汽油牌号

98号车用汽油的质量标准。在炼油厂中，生产芳香烃使用的是催化重整工艺，可以把石脑油原料中的环烷烃脱氢变为芳香烃，同时将部分烷烃脱氢环化生成芳香烃。异构烷烃的生产主要采用碳四烷基化工艺（简称烷基化），在酸性催化剂的作用下，将异丁烷和丁烯合成以异构烷烃为主要成分的烷基化油；此外，异构烷烃还可通过小分子正构烷烃（C_5—C_7）的异构化反应获得。因此，合格牌号的汽油一般是由催化裂化汽油、催化重整汽油、烷基化油和异构化油等混合调配而来的。

虽然汽油里的烯烃和芳香烃具有较高的辛烷值，燃烧性能较好，但在汽油加注和使用过程中不可避免会有微量挥发，其中挥发到大气中的烯烃和芳香烃对环境的影响较大，并且烯烃和芳香烃不完全燃烧会产生致癌物质，此外，芳香烃的燃烧完全度比其他烃类差。因此，我国最新执行的汽油质量标准中，对烯烃和芳香烃的含量做了进一步的限定。例如，烯烃含量从国Ⅲ标准的不大于30%（体积分数）降低到国ⅥB标准的不大于15%（体积分数）；芳香烃含量从国Ⅲ标准的不大于40%（体积分数）降低到国Ⅵ标准的不大于35%（体积分数）。

环保法规的日益严格促使人们不断寻找其他高辛烷值物质，于是甲基叔丁基醚（MTBE）、乙基叔丁基醚（ETBE）、叔戊基甲基醚（TAME）等醚类化合物得到了广泛的应用。这些醚类化合物辛烷值在100以上，能够与汽油烃类很好地互溶。但这种醚类化合物渗漏有可能会引起土壤和地下水污染，因此其在汽油中的调和受到了一些质疑。科学家们也在探索新的物质来作为汽油的调和组分，如二甲醚、二异丙醚和碳酸二甲酯等。

说了这么多，那汽油的理想组分到底是什么呢？从烃类组成来看，异构烷烃具有很高的辛烷值，燃烧完全度和清洁度高，在汽油质量标准中没有任何限制，因此是理想的汽油组分。以异构烷烃为主要组分的烷基化汽油和异构化汽油就是理想的汽油调和组分。其中，烷基化汽油的辛烷值高于异构化汽油，因此是最理想的调和组分。此外，重整汽油的辛烷值很高，是较理想的调和组分，需要关注调和后汽油的芳香烃含量和苯含量不超标就可以。

3.4 清洁车用燃料有什么质量指标？

伴随人们收入水平的提高，生活质量不断改善，很多家庭拥有了自己的汽车，甚至是多辆汽车，城市道路上车水马龙。汽车在为生活提供便利的同时，也带来了一些问题。一些城市的上空好像被一层白茫茫的烟雾盖住了，监测数据显示空气质量能达到优良的天数偏少，人们开始奢望蓝天白云。当然，造成这种情况的原因是多方面的，其中汽车尾气排放是重要原因之一，截至2022年底，我国新能源汽车保有量达1310万辆，但仅占汽车总量的4.1%。如果燃油汽车尾气治理不好，那将对环境造成巨大的影响。

燃料中碳氢化合物燃烧后尾气的主要成分是二氧化碳和水。二氧化碳是造成地球温室效应的罪魁祸首，在目前全球碳减排背景下，其排放也要得到控制，这里暂且不论。除此以外，汽车尾气中的一氧化碳、硫氧化合物、氮氧化合物、可挥发性有机物等不仅会对环境造成污染，对人和动植物也会产生较大的危害。要解决这个问题，一方面，要继续改进汽车发动机的结构和性能，使得汽油燃烧过程更加有效、彻底，并加装尾气净化装置；另一方面，则要生产和使用更加清洁的燃料。汽油看起来都是浅色透亮的，肉眼看不到有什么不干净的东西，这里所说的清洁，指的是里面含有的硫、氮等杂质元素要少，燃烧后产生的污染物尽量少。

从减少尾气排放污染的角度出发，各国对汽油的组成有着越来越严格的质量要求，其中首先限制的就是硫含量。汽油中含硫化合物燃烧形成的硫氧化合物是造成酸雨的重要原因（图3.5）。

图 3.5　酸雨的危害

三 丰富多彩的石油产品

因此，降低汽油中的硫含量势在必行。我国现行的汽油标准里要求硫含量不得超过 10 微克 / 克，这个要求已经和世界上发达国家汽油质量标准中硫含量要求保持一致了（表 3.1）。

表 3.1 我国车用汽油质量标准与欧洲标准重要指标的对比

项目	国Ⅳ	国Ⅴ	国Ⅵ	欧Ⅵ
硫 /（微克 / 克）	<50	<10	<10	<10
苯 /%（体积分数）	<1.0	<1.0	<0.8	<0.8
芳香烃 /%（体积分数）	<40.0	<40.0	<35.0	<35.0
烯烃 /%（体积分数）	<28.0	<24.0	<15.0~18.0	<18.0
氧 /%（质量分数）	<2.7	<2.7	<2.7	<2.3

从汽油的抗爆性来说，芳香烃是理想的组分，所以有些炼油过程的目的就是提高汽油中的芳香烃含量。但随着芳香烃含量的增加，发动机沉积物增多，会导致尾气排放量增加，其中苯更是致癌物质。因此，我国汽油质量标准中对于芳香烃含量的规定也逐步严格，从之前的 40%（体积分数）已经降至现行标准中的 35%（体积分数），与世界其他发达国家保持一致要求；特别是对苯含量的规定从 2.5%（体积分数）降至现行标准的 0.8%（体积分数），已经超越了欧洲国家对苯含量小于 1%（体积分数）的要求。

催化裂化汽油数量占我国汽油池的 70% 左右，其中烯烃含量较高[30%~50%（体积分数）]。烯烃的辛烷值较高，但安定性较差，容易产生沉淀物堵塞喷油嘴，从而使发动机的效能降低，并且使尾气中氧化氮等有毒物质的含量增加，不利于环境保护。因此，我国汽油质量标准中要求从 2023 年 7 月开始烯烃含量不得大于 15%（体积分数），超过了欧洲现行标准中限定烯烃含量不得大于 18%（体积分数）的要求。

可以看到，为了践行"绿水青山就是金山银山"理念，我国正在积极应对，尽可能控制汽油中硫、芳香烃和烯烃的含量，在保持汽油燃烧性能好的前提下更加清洁化。这样，才能在享受驾驶乐趣的同时欣赏怡人的蓝天白云。

3.5 酒精是否可以用作汽车燃料？

酒和酒文化在中华民族的历史长河中一直占据着重要地位，我们的祖先数千年前就已经掌握了用粮食发酵酿酒技术。酒的主要成分是水和乙醇。但当提及酒和汽车的关系时，人们首先想到的是开车不喝酒、喝酒不开车。至于说酒精还能用作车用燃料，那么肯定会有人觉得是异想天开、匪夷所思的事情。哪里知道，近年来各国的研究都表明，掺入适量乙醇的汽油辛烷值高，抗爆性好，汽车仍旧可以安全、平稳地行驶，即使是浓度高达 85%～95% 的乙醇，也可用作汽车燃料。

小贴士

乙醇俗称酒精，是一种易燃、易挥发的无色透明液体，具有酒香的气味。工业酒精的浓度一般为 95% 和 99%。不同浓度的酒精有着不同的用途。以医用酒精为例，浓度为 25%～50% 的用于人体物理降温退热，浓度为 40%～50% 的用于预防褥疮，浓度为 70%～75% 的用于灭菌消毒，浓度为 95% 的用于器械消毒。

乙醇汽油的使用可促进农业生产，巴西、美国曾提出"为了我们的农民兄弟，请使用乙醇汽油"这样的宣传口号，使得燃料乙醇工业得以迅速发展。2020 年，美国和巴西的燃料乙醇消费量分别高达 4000 万吨和 1800 万吨，这给两国带来了巨大的综合收益。

我国石油对外依存度较高。考虑到我国是个农业大国，如果能把某些农作物以及无法食用的陈化粮等通过发酵转化为乙醇，再掺入汽油中作为车用燃料，岂不是利工利农、一举两得的良策？事实上，在我国黑龙江、吉林、辽宁、河北、河南、山东、安徽、广东等众多省份已经使用乙醇汽油了。

值得注意的是，加入汽油中的酒精的是一种所谓"变性燃料乙醇"，而不是一般的乙醇。它是以玉米、薯类、甘蔗、甜菜等农作物为原料，经发酵、蒸馏精制、脱水后再添加2%~5%的变性剂得到的燃料乙醇（图3.6）。其中，变性剂成分是汽油，因此这种变性燃料乙醇是绝对不能作为食用酒精的。将一定比例的变性燃料乙醇掺入符合质量标准的汽油中，便成为车用乙醇汽油。我国目前的车用乙醇汽油中变性燃料乙醇的占比为10%，其汽油标号前均加注字母E（乙醇英文单词Ethanol的首字母）。

图3.6 来自农作物的汽车燃料

2022年我国汽油消费量超过1.3亿吨，若全部推广乙醇汽油，按照10%乙醇汽油掺兑比例计算，则每年需要乙醇约1300万吨。

乙醇汽油用作汽车燃料好处不少。第一个好处是乙醇的辛烷值高，研究法辛烷值超过110，与汽油调和后可增大汽油的辛烷值，提高了汽油在高压缩比发动机内的燃烧性能。第二个好处是乙醇汽油很清洁，它具有很好的燃烧特性，能减少火花塞、燃烧室等汽车零件的积炭生成，使得汽车发动机更加清洁；而且乙醇还是一种优良的溶剂，可以溶解油路系统中燃油的杂质。第三个好处是有效减少了汽车尾气排放中的一氧化碳、碳氢化合物等有害尾气体排放量。

但是乙醇汽油也不是十全十美的。与纯烃类汽油相比，相同体积乙醇汽油燃烧产生的能量较少，低温启动性能也较差，降低了汽车的动力和冷启动性能，导致百公里油耗偏高。此外，乙醇汽油燃烧过程中产生的乙酸对汽车的金属零部件有腐蚀性，并且乙醇本身就会腐蚀用于密封的橡胶等合成非金属材料。乙醇与汽油烃类的互溶性不好，且乙醇汽油易吸水，当乙醇汽油的含水量达到一定程度后，会影响汽车的正常使用，同时在它的调配、储存、运输、销售各个环节也要比普通汽油严格得多。需要指出的是,我国的粮食产量并不富裕,需要合理发展乙醇燃料汽油,做到"不与人争粮、不与粮争地"。

3.6　为什么有的汽车烧汽油,而有的汽车烧柴油?

马路上行驶的各种类型的汽车,为什么有的烧汽油,而有的则烧柴油?究其原因,是由于汽车里安装的发动机不同,分为汽油机和柴油机,它们都是内燃机。尽管二者的工作都包括进气、压缩、燃烧膨胀做功、排气四个过程,但是燃料在汽油机和柴油机内的燃烧机制却迥然不同,汽油机是点燃式发动机,柴油机是压燃式发动机(图 3.7)。

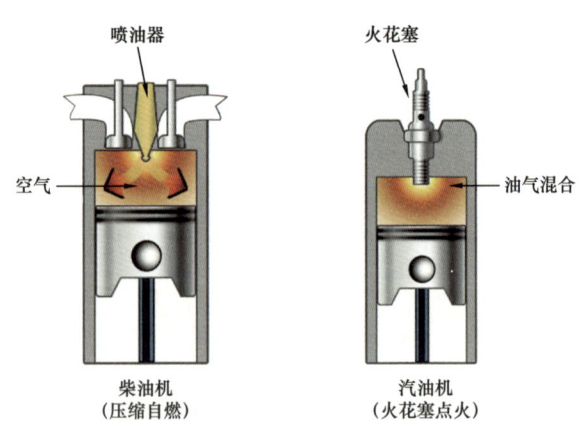

图 3.7　柴油机和汽油机内部构造

对于进气过程,汽油机吸入气缸的是汽油和空气;而柴油机吸入的只有空气,不吸入柴油。尽管气缸压缩后温度和压力都升高,但是汽油机的压缩比相对较小,压缩终了时的温度还达不到汽油的自燃点,因此需要用火花塞点燃;柴油机的压缩比相对较大,压缩终了时的温度高达 500~700℃,远远超过了柴油的自燃点,因此柴油机不需要电火花的点火即可自行燃烧。对于气缸内燃烧的燃料，汽油机是在进气过程中吸入汽油，燃烧过程中不再有新的汽油喷入；而柴油机是在压缩快到终了时喷入柴油，且在燃烧过程中继续喷入柴油，一边喷入一边燃烧，一直到燃烧做功过程的后期才停止喷入柴油。

由于两种内燃机的燃烧机制大相径庭，因此它们对于燃料的要求也各有不同。对于汽油机，要求燃料不易自燃，即自燃点高，须用火花塞点火后才能燃烧，而且燃烧过程平稳、不爆震。对于柴油机，正好相反，它要求燃料容易自燃，即自燃点低，柴油喷入气缸后能立即燃烧，而且速度要快。因此，假如把柴油加入汽油机中，或者把汽油加入柴油机中，又或者把二者混合在一起使用，都会产生爆震燃烧现象，缩短发动机的使用寿命。

汽油机具有转速高、结构简单、质量轻、造价低廉、运转平稳的优点；柴油机具有可靠性高、热效率高、经济性好、压缩比高、动力强的优点。至于不足，汽油机的缺点是热效率较低，在 23%~40% 之间，点火系统复杂，在燃油经济性、可靠性和维修的方便性等方面也不如柴油机；而柴油机的缺点是体积较大、比较笨重，成本较高，振动噪声大等。

汽车既可以使用汽油机，也可以使用柴油机。配备柴油机的汽车在欧洲比较受欢迎。我国的小型汽车大多配备的是汽油机，但部分 SUV 汽车会同时配备汽油机版和柴油机版。

3.7 柴油牌号是怎么来的？

在加油站加油时，可以发现柴油分为不同的牌号，如 0 号柴油、-10 号柴油等，那么柴油的牌号是怎么来的呢？

柴油的牌号是按照凝点来划分的。所谓凝点，就是油品在降温过程中使其失去流动性的最高温度，凝点是判断柴油低温流动性的一个重要指标，凝点越低，流动性越好。其实在柴油失去流动性时，它不是以固体的形态存在，而是以膏状的形态存在。随着温度的进一步降低，会增加其凝固程度直至固态（图3.8）。以典型的柴油组分正十六烷为例，其凝点为18.2℃，在北方地区冬天的室外温度下已是固体。好在柴油的成分是众多烃类的混合物，即便柴油中含有少量的正十六烷，在18.2℃以下的环境温度中，正十六烷也不太容易凝固，而是可以溶解在其他烃类中。但是随着柴油中高凝点组分含量的增加，当其在低温下不能完全溶解在其他烃类中时，就会凝固析出，进而影响柴油的正常使用。

图 3.8　低温降低柴油流动性

此外，柴油的冷滤点是表征其低温流动性能的另一个重要指标，其定义是柴油样品通过规定过滤器的流量低于20毫升/分的最高温度。柴油冷滤点的测定条件与使用条件相近，因此一般采用冷滤点粗略地判断柴油可使用的最低温度。也就是说，柴油的使用温度需要不低于其冷滤点，而不是其凝点。

如果柴油在油箱中呈现膏状或者析出较多的固体，肯定无法实现在输油管路中的正常流动，甚至会堵塞管路和过滤网，影响发动机的正常运行。特别是我国北方到了寒冷的冬季，气温会下降到很低，若是没有选用合适牌号的柴油，那车辆就只能"趴窝"不动了，所以使用环境不同，对柴油牌号的要求也就不同。

在现行的国VI柴油标准中，根据凝点划分的柴油牌号共有6个，即5号、0号、-10号、-20号、-35号和-50号。0号柴油就是要求其凝点不能高于0℃（图3.9），其余类推。一般情况下，选用柴油的凝点要低于当地气温5~8℃。但选用柴油的牌号也不是越低越好，如当地气温为-3℃，选

用 –10 号柴油即可，而不要选用 –20 号柴油。这是因为柴油凝点越低，其价格越高。

柴油分为轻柴油和重柴油。日常生活中较为常见的车辆用柴油就是轻柴油。上述所说的柴油牌号就是轻柴油的牌号划分。

图 3.9　加油站的柴油加油桩

3.8　柴油的理想组分是什么？

柴油是从炼油厂中常减压蒸馏、催化裂化、加氢裂化、焦化等各个生产工艺过程得到的柴油馏分与添加剂调和而成，主要应用在卡车、货车、坦克、装甲车、重型船舶和矿山机械等"大器件"上（图 3.10）。那么在柴油调配过程中，应该遵守什么标准才能达到让柴油发动机安全使用的目的呢？

当柴油品质较差时，在燃烧过程中也会出现同汽油爆震燃烧类似的不正常燃烧现象，出现发动机敲缸异响，降低柴油的燃烧效率和发动机的寿命。但是导致爆震燃烧的原因却是不同，当柴油的自燃点过高时，压缩接近终了时喷入柴油，到柴油发生自燃的时间过长，期间柴油机气缸内喷入大量柴油，一旦燃烧就会导致温度和压力急剧上升，同时产生压力波动，这就是柴油机气缸内的爆震燃烧。

类似于汽油的辛烷值,柴油也有一个衡量抗爆性的质量指标——十六烷值。柴油的十六烷值较高,则表明其自燃点较低,从柴油喷入气缸到柴油自燃的时间较短,因此喷入的柴油较少,燃烧过程的压力能够平稳快速上升,且柴油燃烧得更加完全,进而能维持发动机稳定长久工作。

柴油不同烃类组成的十六烷值差异非常显著。相同碳数的烃,正构烷烃的十六烷值最高,异构烷烃和正构烯烃次之,异构烯烃和环烷烃较低,芳香烃(特别是双环芳香烃)最低。可以看出,烃类辛烷值大小顺序与其十六烷值大小顺序基本上是相反的。

除了柴油的十六烷值,衡量柴油性能的指标还包括凝点、冷滤点等。综合来看,具有较高十六烷值的正构烷烃,其凝点和冷滤点较高,低温流动性差;而异构烷烃具有较好的低温流动性能,但当异构烷烃的分支增多时,其十六烷值将大幅下降。因此,柴油中正构烷烃和异构烷烃的含量应适宜。柴油的理想组分是具有少量分支的异构烷烃,它们同时具有较高的十六烷值和较好的低温流动性能。

图 3.10　柴油机车

那么是不是柴油的十六烷值越高越好呢？答案却是否定的。因为如果十六烷值过高，柴油喷入发动机还没来得及汽化并与空气形成均匀的可燃混合气就开始自燃，这会导致燃烧的均匀性变差，局部不能完全燃烧，会产生黑色的排烟。一般按照柴油发动机的转速来选择适宜十六烷值范围内的柴油，十六烷值范围在 40~60 的柴油适用于高速柴油机；十六烷值范围在 30~35 的柴油适用于中速柴油机；而低速柴油机，即便选用十六烷值低于 25 的柴油也不会燃烧困难。

决定柴油性能的，除了十六烷值，还有很重要的另外两个性质。第一个是蒸发性能。柴油在柴油机中的"发火"和燃烧都是在气态下进行的，因此必须有足够的柴油组分能够汽化，形成能够自燃的柴油蒸气和空气混合气后，才能使柴油机正常运转和工作。这就要求柴油中必须含有足够量的轻馏分，一般馏分越轻，蒸发速度越快。但轻馏分过量则会由于蒸发速度太快而使发动机气缸压力骤升，导致柴油机工作不稳定。此外，轻馏分太多也会降低柴油的闪点，影响柴油的运输、储运和使用过程中的安全性。因此，在调制商品柴油时需要控制轻馏分油含量在合适的范围内。

第二个是低温流动性能。一方面，柴油在低温下黏度增大，影响流动性；另一方面，柴油中的正构烷烃在低温下很容易变成固体，就好像是水在低温下就会结冰一样，这种固体称为蜡，有针状的，也有板状的，它们相互连接结合，就会形成立体的网状结构，使得柴油在油箱内凝固，也会堵塞发动机的过滤网和输油的管道，造成供油系统瘫痪。柴油因黏度导致的低温流动性问题不好解决，但是因部分烃类低温凝固导致的流动性问题可以通过加入低温流动性改进剂来缓解。当然，更彻底的解决办法是将柴油中的正构烃类催化转化为异构烃类。

3.9 柴油能从地里"种"出来吗？

石油是不可再生的资源，其储量随着人们的不断使用而逐渐减少。而且，我国人口众多，以十几亿人口折算，人均石油资源是很少的。随着我国经济的迅速发展，对能源的需求与日俱增，目前我国每年还需要进口数亿吨的石油及石油产品。虽然在经济全球化的今天，合理利用国外的石油资源可以帮助我们满足对石油的巨大需求。但是，人无远虑，必有近忧，及早探寻石油的替代品才能更有效地减轻经济发展对石油资源的严重依赖。

俗话说"种瓜得瓜，种豆得豆"，那石油或石油产品能从地里种出来吗？21世纪伊始，人们已开始用植物油为原料来制取柴油的替代品。如能以动植物油脂为原料生产出生物柴油，不仅能够缓解柴油的供应紧张问题，而且由于生物柴油属于可再生能源，相当于取之不尽、用之不竭，还十分有利于保障我国的能源安全。

> **小贴士**
>
> 鲁道夫·狄塞尔（Rudolf Diesel），1858—1913年，德国物理学家、发明家。1879年，狄塞尔毕业于德国慕尼黑大学，1892年，狄塞尔在四冲程循环的基础上，发明了压燃式发动机，也就是现在所说的柴油机，可以使用较劣质的燃油，并于同年申请了专利。柴油机已成为现代动力机械中最重要的部分之一，为了纪念狄塞尔这位伟大的发明家，人们称他为"柴油机之父"，并用他的姓氏"Diesel"命名柴油。

历史是很有趣的，1897年德国人鲁道夫·狄塞尔就是利用植物油试验他所发明的柴油机。后来由于石油的大量开发，柴油机才开始普遍使用从石油中提炼的柴油为燃料。但是随着20世纪70年代石油危机的出现，人们逐渐重视寻找石油的替代品。1983年，美国科学家首先将植物油脂肪酸甲酯用于柴油发动机，时至今日，美国、欧盟等国家和地区的生物柴油产量更是突破了1000万吨/年，巴西、加拿大、日本等国家也积极倡导和鼓励发展生物柴油。

生物柴油的原料来源极为丰富，可以利用棉籽、油菜籽、大豆、米糠、油棕及各种动物油脂来生产（图3.11）。此外，榨油废渣和城市里令人心烦的餐饮废油（所谓的地沟油）也可以用作生物柴油的生产原料，这样既可以得到柴油机燃料，又避免了餐饮废油回流餐桌，一举两得！

从化学结构上看，植物油是不饱和脂肪酸的甘油三酯，每个分子中含有几十个碳原子，分子量可高达 800 以上，具有密度大、黏度高、不易挥发等特点。不经加工的植物油的燃烧性能较差，不宜直接用作柴油机燃料。因此，需要对植物油进行化学处理，将其转化为不饱和脂肪酸的甲酯或者乙酯。生成的甲酯或乙酯的分子量仅为植物油的 1/3 左右，且其密度、黏度及燃烧性能与石油基柴油相近。生物柴油可以单独使用，也可掺入石油基柴油中一起使用，且无须对柴油机进行有针对性的改装，十分方便。

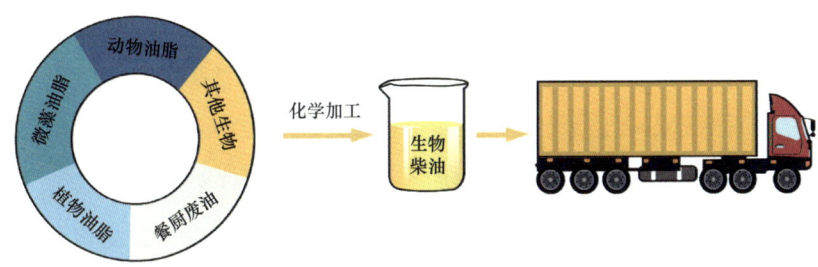

图 3.11　生物柴油生产示意图

与石油基柴油相比，生物柴油不含硫与芳香烃，其燃烧尾气中不含硫氧化物，颗粒物和一氧化碳等污染物的排放量仅为石油基柴油的 20% 左右，多环芳香烃类致癌物更是大大减少，所以生物柴油是一种可再生的绿色能源。总而言之，无论是从缓解燃料紧张，还是从保证能源安全或保护环境的角度考虑，生物柴油都是可以大力发展的新型能源。同燃料乙醇的发展类似，生物柴油的发展也需要考虑原料的合理来源，同样需要做到"不与人争粮油、不与粮油争地"。

3.10　一些大卡车和拖拉机冒黑烟是怎么回事？

柴油机，特别是直喷式柴油机，具有燃油效率高、动力性能强、二氧化碳排放低等优点，因而得到广泛应用。大卡车和拖拉机多使用柴油机，有时可以看到大卡车和拖拉机排气管中冒出黑烟，这主要是柴油在发动机中不正常燃烧而导致的。

黑烟也称碳烟。柴油在发动机燃烧室内，在局部高温与缺氧条件下，部分烃类发生裂解和脱氢反应，形成以碳为主要成分的固体微小颗粒，在排气过程中聚集形成更大的碳烟粒子或絮团，致使排气冒黑烟。柴油机有三种不正常的排气烟色，分别是黑烟、蓝烟和白烟，其中黑烟的危害最大，对大气污染最严重。黑烟中的炭粒一般黏附着二氧化碳、不完全燃烧物及致癌物，且带有异味，对人和生物具有一定的危害性（图3.12）。一般来说，少量黑烟被吸入气管后可排出体外，影响不大，但过量黑烟被吸入肺部后会沉积起来，会导致癌变或其他慢性疾病。为了保护环境，世界各国针对车辆尾气排放制定了日趋严格的法规，人们对柴油机排烟的异常现象愈加关注。

不同颜色排烟的形成原因各不相同。目前对黑烟的形成，尽管科学家有较多的研究，但对其生成机理却说法各异。一般认为，温度是排烟颜色的决定因素，低于250℃形成的排烟通常为白色；从250℃到柴油自燃着火的温度易形成蓝烟；达到柴油着火点后才会出现黑烟，且一般在柴油机负荷过大时产生。

图3.12　柴油机车冒黑烟示意图

柴油机的运行状态会影响排气微粒中黑烟的比例，柴油机高负荷运转时的微粒以黑烟为主，低负荷或怠速时则以碳氢化合物为主。在柴油机高负荷运转时，发动机燃烧室内喷入更多的燃料，导致烃类与空气的混合气不均匀，局部区域空气相对不足。而此时燃烧室的温度很高，燃料在高温缺氧的情况下发生不完全燃烧，形成多孔性炭粒，混合在尾气中被排出发动机，形成黑烟。

此外，如果使用的柴油性能指标达不到质量标准要求，那么因燃料燃烧不良也会产生黑烟。如果柴油的质量不好，那会加速柴油滤清器的损坏，致使气缸进气阻力增大或进入气缸的杂质增多，也会产生冒黑烟的现象。

3.11 为什么在加油站里不能使用手机打电话？

手机拥有越来越多的功能，已经成为我们的随身必备物品。可以说，手机基本上不离身，无时无处不在。我们经常在加油站看到或听到禁止拨打手机的提示。为什么在加油站不能使用手机打电话呢？

手机离不开电池。不要小看一块小小的手机电池，为保障无线网络的传输信号，手机的耗电量却并不小。为了延长通话和开机时间，手机电池往往储存着大量电能，差不多就是一个小型"电老虎"。作为一种无线电通信工具，手机发射出的无线电波（射频电磁辐射）可以使接受无线电的天线感生射频电流。感应生成的射频电流在金属导体间环流，当导体接触不良或者有锈蚀时，就会产生射频火花。射频火花只要在持续1微秒以上且能量大于6毫瓦时，就会引燃一定浓度的烃类与空气的混合气，导致爆燃事故的发生。

油气被点燃所需的电流很小，手机在工作状态下产生的静电流就能达到这个界限。在加油站装卸油料时，或者遇到空气湿度大、气压低的阴天或有雾天气时，空气流通差，油气密度相应增加，此时接打手机将会增大引发爆炸的可能性。这也是加油站在电闪雷鸣的暴雨天气里停止加油的原因之一。如果是在夏季，温度高，汽油挥发快，当汽油在空气中的浓度达到 1.3%~6% 的闪爆范围时，任何细小的火花或肉眼看不到的静电都会引起爆炸。因此在加油站里，包括电灯在内的所有电器都要求具备防火防爆功能。然而，因为普通手机本身并不具备防爆功能，如果手机使用时间较长或者手机本身质量较差，手机内部芯片的电路很容易产生短路现象，这样的手机在接听瞬间就能产生少量的火花，从而引起加油站发生爆炸，非常危险（图 3.13）。

图 3.13　加油站不能使用手机打电话

3.12　大型喷气式客机为什么能飞那么远？

飞机已成为人们远行常用的交通工具。大型客机能够载客几百人在数千米甚至上万米的高空翱翔，快速往返于各城市，甚至能直接飞渡太平洋、大西洋、印度洋，使地球缩小成了一个"地球村"，令人有"天涯若比邻"的感觉。

最初的飞机发动机与汽车发动机相同，都是活塞式发动机；不同的是飞机发动机燃烧航空汽油，汽车发动机燃烧车用汽油。现代大型客机的动力装置则都是喷气发动机，其作用原理与火箭类似，燃料在发动机内连续燃烧，向后快速排出气体，依靠反作用力推动飞机向前飞行。要把几百吨的飞机推上天空，并送到成千上万公里的地方，可想而知需要消耗巨大的能量！这种能量就来自于喷气式飞机燃料（简称喷气燃料），所以喷气式飞机要携带体积很大的油箱。喷气燃料的沸点范围介于汽油和柴油之间，基本相当于煤油，所以喷气燃料常被称为航空煤油。

一般民用喷气式飞机并不进行空中加油，因此飞机本身所带燃料的多少，就决定了飞机的航行距离。于是，有人会想，如果飞机多携带一些燃料，岂不可以飞得更远一些？然而事实情况是，喷气式飞机的油箱体积已经相当大，它起飞时所带燃料的重量已经达到飞机总重量的30%~60%，假如再要加大，那就会使飞机不堪重负了。

既然已经没有多少余地增大飞机的油箱体积，那就要使有限的燃料释放出尽可能多的能量。喷气燃料的一个重要质量指标是它的热值，其表明每克燃料在完全燃烧后能放出的能量，一般喷气燃料的热值在每克42800焦耳左右（就是说燃烧1千克喷气燃料发出的热量可以把100多千克的水从室温加热到100℃）。喷气式飞机的性能主要取决于发动机提供的推力，燃料热值增大1%，发动机的推力大约增加1%。除了考虑前面所说的质量热值，喷气燃料还需要考虑体积热值，即单位体积的喷气燃料完全燃烧所释放出的能量。由于飞机油箱的体积有限，因此体积热值就变得更加重要。

一架波音787大型喷气式飞机可以携带100多吨喷气燃料，总能量可以达到几万亿焦，足以把10000多吨的水烧开。在"9·11"事件中，美国世界贸易大厦之所以轰然倒塌，很重要的原因就是当时撞击大厦的飞机满载燃料，上百吨燃料燃烧形成的高温烧垮了大厦的钢质骨架，进而导致了大楼的坍塌。由此可见，一架大型客机所载的能量有多么大。

3.13 航空煤油的理想组分是什么？

航空煤油又称航煤、航油、喷气燃料，一般是由常压蒸馏、加氢裂化和加氢精制等煤油馏分与必要的添加剂调和而成的一种透明液体燃料。

航空煤油主要用作航空涡轮发动机的燃料。对航空煤油的要求主要包括：燃烧性能好，能快速起燃，燃烧稳定和完全，且积炭量少，不易结焦；密度适宜，燃烧热值高；低温流动性好，能满足寒冷低温地区和高空飞行对油品流动性的要求；热安定性和抗氧化安定性好，可以满足超音速高空飞行的需要；洁净度高，无机械杂质，水含量低，硫含量尤其是硫醇性硫含量低，对发动机的腐蚀性小。飞机与汽车除对燃料的要求不同之外，飞机更加注重对安全方面的考虑，毕竟飞机飞行在上万米的高空，容不得任何一点意外，所以飞机燃料的选择和燃油质量是重中之重，马虎不得。

与活塞式发动机不同的是，燃料在涡轮发动机中是连续燃烧的，因此对于燃烧的稳定性有较高的要求。燃烧稳定性与燃烧室结构、燃烧条件，以及燃料的烃类组成及馏分轻重有关。正构烷烃和环烷烃的燃烧极限较宽；而芳香烃的燃烧极限较窄，容易熄火；燃料的馏分轻，燃烧极限也会窄。喷气发动机内的燃烧停止了怎么办？这就要求燃料具有良好的启动性了。喷气燃料的启动性取决于燃料的自燃点、着火延滞期、燃烧极限、可燃混合气发火所需的最低点火能量、燃料的蒸发性和黏度等多种因素。一般来说，轻组分多且黏度合适的烃类容易与空气形成可燃混合气，易于启动。喷气燃料一般采用燃烧极限较宽、燃烧比较稳定且易于启动的煤油馏分。

飞机的油箱体积是确定的，那么它能装的最大燃料体积也就确定了，那还有没有潜力可挖呢？答案是：有！例如一个体积为10升的桶，对于密度较小的食用油，可以装9千克左右；假如用来装水，那就是10千克；要是装密度较大的蜂蜜，那就可以装14千克左右了。这说明要想使飞机的油箱多装一些能量，就得想办法增大喷气燃料的密度，这样才能在单位体积内蕴含更多的能量。因而在喷气燃料的质量指标中规定了它的密度不低于0.775千克/升，以保证飞机尽可能多带一些能量上天，以加大航行的距离。

飞机携带的能量与燃料的热值相关，燃料的热值与其化学组成有关。一般来说，燃料的氢碳原子比越大，质量热值越大；而密度越大，其体积热值越大。对于不同的烃类，氢碳比原子的大小顺序是烷烃 > 环烷烃 > 芳香烃，而密度大小顺序则相反。兼顾质量热值和体积热值，航空煤油的理想组分是环烷烃（表3.2）。

表3.2 不同烃类组成的煤油馏分热值比较

烃类	相对密度	烃类组成/%（质量分数）			质量热值/兆焦/千克	体积热值/兆焦/升
		烷烃	环烷烃	芳香烃		
富烷烃燃料	0.7474	92.2	5.2	2.6	43.38	32.42
富环烷烃燃料	0.7910	46.7	51.9	1.4	43.13	34.11
富芳香烃燃料	0.8645	13.4	11.4	75.2	41.28	35.69

喷气燃料在燃烧过程中会产生碳质微粒，积聚在喷嘴、火焰筒壁上就形成积炭。积炭会对发动机的工作带来一系列的影响，因此希望燃料的积炭倾向越低越好。烷烃的积炭倾向很小，环烷烃的较小，而芳香烃的最大。

总的来说，环烷烃易于启动，燃烧极限宽，燃烧稳定，质量热值与体积热值均较大，积炭倾向较小，安定性好，是理想组分；异构烷烃易于启动，燃烧极限宽，燃烧稳定，燃烧完全，积炭倾向很小，辉光值高，安定性好，也是较理想的组分（图3.14）。

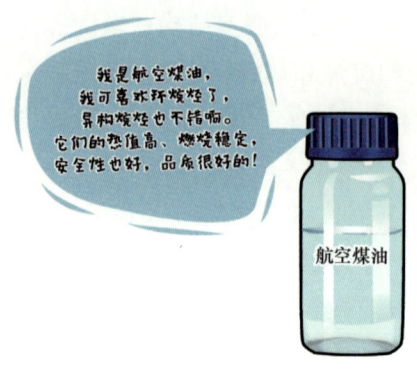

图3.14 航空煤油

小贴士

辉光值用于表示喷气火焰在燃烧室内燃烧时，出现的光亮火焰的亮度。

3.14 航空汽油与航空煤油有什么区别？

飞机和汽车一样，都要使用燃油作为发动机燃料，但是和汽车加的油不同，飞机基本使用航空燃油这种专用燃料，其质量与常规的汽车燃油（汽油）相比有很多不同。通常航空燃油都含有一些特殊的添加成分，以此来降低结冰和高温爆炸的潜在风险。

当然，就算是飞机，不同的机型与款式也需要使用不同种类的航空燃油。根据飞机的类型，航空燃油分为两个大类，即航空汽油和航空煤油。航空煤油主要是涡轮发动机（喷气发动机）的燃料，航空汽油通常是作为螺旋桨式飞机的燃料。喷气发动机的工作原理是燃料在燃烧室内连续燃烧产生大量的气流排出，通过反作用力推动飞机前进；螺旋桨式发动机的工作原理与汽车发动机类似，是点燃式活塞发动机（图3.15）。两种发动机工作原理的不同就必然会对航空煤油和航空汽油提出不同的性质要求。

图3.15　活塞式航空发动机和涡轮喷气发动机

国产3号航空煤油是我国比较常用的喷气燃料，其闪点高、不易蒸发、使用安全性高，且与汽油具有相似的低位热值。航空汽油与航空煤油相关理化特性的对比情况见表3.3。

与航空汽油相比，一方面，航空煤油的运动黏度较大、表面张力高，如果作为航空汽油使用会导致燃料油蒸发雾化困难，从而导致发动机启动困难、燃烧稳定性变差等；另一方面，航空煤油的辛烷值低、自燃点低，如果作为航空汽油使用就会导致燃烧过程粗暴、抗爆震性能差，进一步限制发动机有效功的输出，影响其经济性和动力性。航空煤油的辛烷值约为100号航空汽油的1/2，所以航空煤油的抗爆性极差，不能代替航空汽油使用。对于涡轮发动机所需燃料，普遍要求的是更高的安全性和密度等，其储运和燃烧更加安全，此外高超音速飞机会产生额外的高热和应力，因此需要使用高闪点的航空煤油。

表 3.3　航空汽油和航空煤油理化性质对比情况

理化特性	100 号航空汽油	3 号航空煤油
成分组成	C_5—C_{11}	C_7—C_{16}
低位热值 /（兆焦/千克）	43.5	43.5
马达法辛烷值	99.6	48
闪点 /℃	−45	35~51
自燃点 /℃	260~370	209~229
运动黏度（20℃）/（毫米²/秒）	0.80	1.25
饱和蒸气压 / 千帕	38~49	6

混淆航空燃油的种类是非常危险的，可以用下述几种方法分辨航空汽油和航空煤油：除了在所有容器、车辆和喉管上清楚标明燃油种类，与航空汽油有关容器、车辆和喉管等会被染成红色、绿色或蓝色，加油喷嘴的直径为4厘米；而航空煤油是无色的，加油喷嘴直径大于6厘米。此外，活塞式发动机飞机的加油口直径不得大于6厘米，航空煤油的加油喷嘴并不适合用于航空汽油的加油口。这些方式可以大幅降低加错航空燃油的风险。

3.15　汽车可以烧液化气吗？

液化气可以用来烧火做饭，那它能用作汽车的燃料吗？要回答这个问题，不妨先详细了解一下液化气。

液化气主要含有丙烷（C_3H_8）、丙烯（C_3H_6）、丁烷（C_4H_{10}）、丁烯（C_4H_8）等含 3~4 个碳原子的烃类。液化气分为炼油厂液化气和油气田液化气两大类。炼油厂液化气由于含有大量的烯烃，一般不直接作为燃料，经分离得到的烯烃作为生产其他油品和化工产品的原料，剩余以烷烃为主的液化气可作为燃料使用；油气田液化气主要由丙烷、丁烷组成，可直接作为燃料。

天然气以甲烷为主要成分,在常温下即便压力很高也不能变成液体,必须降到很低的温度才有可能使其液化。而液化气则不同,在常温下只要把压力升到约15个大气压(1.5兆帕)就可以变成液体,这样就会使其体积大大缩小,可以盛装在耐压的液化气罐里,便于运输和使用。

20世纪50年代,因为汽油短缺,在北京等城市的马路上曾一度行驶过顶着很大的煤气包的公共汽车。直到大庆油田开发后,才扭转了这种汽油严重短缺的局面。可是近年来,在许多城市,有很多的公共汽车、小轿车又改用液化石油气或压缩天然气(Compressed Natural Gas, CNG)为燃料,这是为什么呢?主要是为了减少大气污染,改善城市环境,而不再是因为汽油短缺了。

随着经济的发展,城市人口不断增加,作为城市主要交通工具的汽车数量也快速增加,汽车尾气排放所造成的大气污染就不能忽视了。经测试,在各种大气污染物中,44%~75%的一氧化碳和碳氢化合物来源于汽车尾气。为了治理城市的大气污染问题,特别是汽车造成的污染,我国从2000年起全面展开"空气净化工程——清洁汽车行动",其中就包括了使用LPG和CNG的汽车。上海被列入首批试点示范城市,运行频率最高的出租汽车

(照片来源:央视新闻)

背着煤气包行驶的公共汽车

行业首先开始试点。一些出租车经过改装，开始使用相对清洁的LPG燃料。LPG加气站也开始出现在城市的大街小巷。使用LPG或CNG的汽车，最主要的优点是尾气排放的污染物大幅减少。与使用汽油的汽车相比，其尾气排放的一氧化碳降低60%，燃烧不完全的烃类降低90%。此外，使用LPG或CNG也更加经济，从降低汽车运行成本的角度看，应积极发展同时使用汽油和LPG（或CNG）的双能源汽车（图3.16）。

图3.16　经过改装的双能源汽车

以丙烷为主的LPG具有很高的辛烷值（丙烷的研究法辛烷值高达125），具有与空气易混合均匀、燃烧充分、基本不积炭、不稀释润滑油等优点，能够延长发动机的使用寿命。相比CNG，LPG一次载气量大、行驶里程更长。与传统的车用燃料（汽油和柴油）相比，LPG具有诸多优良的物理化学特性，是公认的清洁燃料，LPG汽车是目前替代能源汽车中应用广泛的一种。

由于LPG（或CNG）的燃烧性能与汽油不完全一样，因而使用LPG（或CNG）为燃料的发动机在结构上与一般的汽油发动机有些区别。目前，已有专门的LPG（或CNG）发动机。对于现有的公共汽车或小客车，经过简单的改装，就可以同时使用汽油和LPG（或CNG）了。

3.16 航空母舰也烧燃料油

人们经常把用作燃料的油品叫作燃料油,甚至汽油和柴油也包括在内,但如此叫法过于笼统,不易区别。在炼油行业内,燃料油是一类专门用作各种类型工业燃烧设备(包括锅炉等)燃料的油品,其实它并不包括汽油和轻柴油。燃料油品种和牌号有很多,有的黏度小,有的很黏稠,但是大多数燃料油基本上属于比较黏稠的重质燃料。燃料油的主要生产原料是原油经过常压和减压蒸馏后剩余的渣油。

燃料油包括炉用燃料油和船用燃料油两大类。由于我国的石油资源相对短缺,每年需要大量进口,所以对有限的石油资源要倍加珍惜和充分利用,尽量不作为一般燃料烧掉。对于舰船,其燃料用煤或天然气是不现实的,就非燃料油莫属。船用燃料油一方面可用作船上锅炉或者汽轮机的燃料,另一方面还是大功率的中、低速船舶柴油机的经济燃料。船用燃料油的质量要求比一般燃料油要高一些。目前,我国燃料油生产占炼油厂原油总加工量的7%~8%,其主要用于船用燃料油。以辽宁舰为例,据官方的公开资料,其一次性加满燃料油的量是8000吨(图3.17)。辽宁舰以18节的巡航速度航行时,最大巡航距离可达7000海里;如以超过30节的极速航行,最大航行距离约为3850海里。如果航空母舰出海时间较长、航程较远,那就需要专门的补给船(保姆船)携带大量的燃料油(如我国901型综合补给舰可以装载2.5万吨燃料油),以便随时补充燃料。

黏度是燃料油质量标准中的一项重要指标,燃料油的牌号就是依据其黏度来划分的。如辽宁舰使用RMG380牌号的燃料油,380的含义就是指其在50℃时的运动黏度不大于380毫米^2/秒(380厘斯)。在压力作用下,燃料油通过喷嘴喷入燃烧设备的炉膛。如果燃料油黏度太小,那它喷射的距离就会太短,容易引起局部过热;如果黏度太大,那就会使喷出的燃料油滴太大,难以燃烧完全,容易生成黑烟。

燃料油生产过程中,往往采用调和的方法使黏度达到质量标准,通常是

图 3.17　航空母舰也烧燃料油

把低黏度的类似柴油那样的油料掺入渣油,以使其黏度降低到燃料油的质量标准的规定值。但是在采用调和法时需要注意燃料油的安定性。如果掺入轻质油料太多,或者渣油与掺入油料两者之间的相溶性不好,就有可能使各调和组分不能均匀混合,进而分离出十分黏稠的沉淀物,这样就无法正常使用了。为了获得黏度合适的燃料油,有时还会采用减黏裂化的方法,使渣油在高温下发生轻度的热分解,将其黏度降低到所要求的数值。

3.17　远洋轮船用燃料油也限制硫含量吗?

油品中的硫经过燃烧后,会生成二氧化硫和三氧化硫,它们会污染环境,危害人体健康,因此汽油和柴油都要严格限制硫含量。但是,轮船航行在茫茫大海上,燃烧排放二氧化硫和三氧化硫的危害就会大幅度减小,是不是就不用限制燃料油的硫含量了呢?

联合国贸易发展促进会的统计数据表明,世界贸易商品的总质量中有近 90% 是通过海运实现的。我国倡导的"一带一路"沿线国家的贸易往来中,海运贸易量占大部分。伴随经济的迅速发展和全球一体化的趋势,我国作为航运大国和贸易大国,对船用燃料油的需求量非常巨大,且将在今后持续上涨。

船舶在营运过程中也会给环境带来许多污染物质,其中硫氧化物(SO_x)是形成酸雾、酸雨和有毒有害烟雾等环境污染的重要原因,SO_x 对人体的危害主要是刺激人的呼吸系统,吸入后会诱发慢性呼吸道疾病,甚至引起肺水肿和肺心性疾病,给人们的身体健康带来严重威胁。此外,船舶除了远洋航行,也会在港口缓慢航行和停靠,此时船舶的燃烧排气就会对港口空气质量带来更加直接的影响。因此,船用燃料油的质量标准对硫含量也有限制。

船舶废气是大气环境的重要污染源之一,船舶排放的 SO_x 占人为污染源的 4%~9%。为此,国际海事组织海上环境保护委员会修订了《国际防止船舶造成污染公约》,制定了限制船舶使用高硫燃油的法规(业内称"限硫

令")。国际海事组织《国际防止船舶造成污染公约》规定,从 2020 年 1 月 1 日起,全球船用燃料油的硫质量分数上限必须从 3.5% 降低到 0.5%。而在北美及欧盟等一些靠近港口的排放管制区内,自 2015 年 1 月 1 日起就要求船舶使用燃料油硫含量不超过 0.1%。因此,远洋轮船必须采用低硫含量的船用燃料油。

3.18 机器里为什么要加润滑油?

摩擦力是大自然给予人类的馈赠,人类行走和汽车行驶都是因摩擦力的作用而实现的。但有的时候摩擦力会对我们的工作和生活造成困扰,这时候就需要规避或减小摩擦力。减小摩擦力最有效的方法之一是使用润滑油,顾名思义,润滑油就是起润滑作用的油液。

人类最早有润滑油使用纪录的是在古埃及。古埃及的金字塔是举世瞩目的文化遗产,给人神秘且不可思议的印象,难以想象这些令人叹为观止的伟大遗迹在那个年代是怎么建成的。根据考古发现,最早在公元前 1700 年,橄榄油等植物油就被古埃及人用作润滑油来润滑工具搬运巨石。中国古代先人们也发现车轴会产生较大的摩擦、发热,甚至引起木头炭化。公元前 1400 年,先人们用野兽的动物油脂对战车的车轴进行润滑,可有效避免车轴磨坏、烧焦,这就是最早的机械润滑。

任何机械表面都是粗糙不平的,即使表面看起来非常光滑的精密的机器部件,在显微镜观察下也是凹凸不平,既有"崇山峻岭",又有"深壑峡谷"。凹凸不平的两个表面接触会形成互相穿插、犬牙交错的局面,当它们相对运动时,在表面上的"山峰"或者被咬断、或者在对方表面犁出一道沟,两个表面之间就产生了摩擦,机器表面磨损,同时还会产生大量的热量,使机器表面温度升高,产生烧蚀,严重时造成机器不能正常工作,甚至损坏机器。

怎样减少摩擦和磨损呢？经常骑自行车的人都有经验，自行车链子不加油就骑行费劲，加了油就能轻松骑行了（图 3.18）。这是因为加的油给链条起了润滑作用，链条上加了油，就形成了一层油膜，这层油膜就阻隔了链条与齿轮之间的金属接触，取而代之的是油膜之间的接触。由此看出，加了油的机器部件的表面之间会形成一层足够厚度的油膜，这层油膜就会把机器部件的两个表面分隔开来，凹凸不平的机器部件表面就不能直接接触了，两个机件分别和油接触。因此加了油的机件运转时油分子的内摩擦代替了机件的干摩擦，金属机件之间的干摩擦力非常大，而油分子的内摩擦力非常小，因此，加了油的机器运转时大大减小了摩擦力，大幅度节省了克服摩擦力的能量，减少了机件的磨损，保护机器并延长了其使用寿命（图 3.19）。

图 3.18 自行车也需要上润滑油

小贴士

所谓干摩擦，就是两个机件表面的直接接触产生的摩擦。

图 3.19 加油和未加油的机械表面

润滑油除润滑减少摩擦和磨损以外，还有冷却、密封、清净分散、抗腐蚀、防锈、承载负荷以及动力传递等作用。

润滑油的应用范围很广，天上的飞机、陆地上的汽车、水中的轮船以及大大小小的机器都需要润滑油。由于应用场合与工作条件不同，因此需要不同种类的润滑油。润滑油的种类很多，通常根据使用的工作环境条件不同，分为内燃机油、工业润滑油和特殊用途润滑油等类型。内燃机油也称作发动机油，常用的有汽油机油、柴油机油、摩托车油、铁路机车油和船舶发动机油等；工业润滑油是指应用于工业企业各类机械设备用油，也称机械油，如工业齿轮油、液压油、汽轮机油、压缩机油、冷冻机油等；特殊用途润滑油主要是指变压器油、橡胶用油和白油等，它们不是以润滑为主要功能，因此称作特殊用途润滑油。

回顾数千年来人类对于润滑油的使用与改良，我们不得不惊叹整个历史正是有了这些不同的油液润滑，才得以顺畅运转。

3.19 从原油中蒸馏出来的产物可以直接用作润滑油吗？

人类在早期将动植物油脂作为润滑油用来起润滑作用，直到19世纪中期，世界上第一口油井在美国宾夕法尼亚州成功开采，人类开始进入使用石油的时代。20世纪20年代，汽车制造业的发展推动了润滑油的研发使用，因此石油基润滑油只不过有百年历史。

原油是极其复杂的混合物，原油蒸馏是原油加工的"龙头"，如果蒸馏得到的馏分油能直接作为润滑油使用，那么润滑油生产就简单多了。那么原油蒸馏出来的馏分油能不能直接用作润滑油呢？理论上任何油品都有润滑作用，根据机械设备的使用条件不同，要求润滑油的质量不同，因此润滑油品种繁多。

原油中的重组分，如350~500℃之间的馏分油，可以用来生产润滑油，可是这些馏分油中的组成不都是对润滑油有利的，有些组分会使润滑油的性能变差或者无法使用，这些组分通常称为非理想组分。例如，馏分油中含有石蜡、多环芳香烃等组分。石蜡容易凝固，会造成润滑油流动性不好，润滑油凝固不流动，就不能流到机件表面，进而起不到润滑作用。因此，需要把馏分油中的蜡脱除，通常采用溶剂脱蜡的方法。多环芳香烃会使润滑油容易氧化，造成润滑油的黏度增大、酸值增大、生成沉淀物，润滑油质量很快变差，使用寿命缩短，换油频率增大，因此需要经过溶剂精制等方法把多环芳香烃除去。可见，原油蒸馏得到的馏分油需要进一步加工，除去润滑油中的非理想组分，才能生产出合格的润滑油。通常，原油的减压馏分油经过溶剂精制、溶剂脱蜡等工艺得到的是润滑油基础油（图3.20）。由原油生产的基础油称为矿物油，另外还有经过化学反应合成得到的基础油，称为合成油。

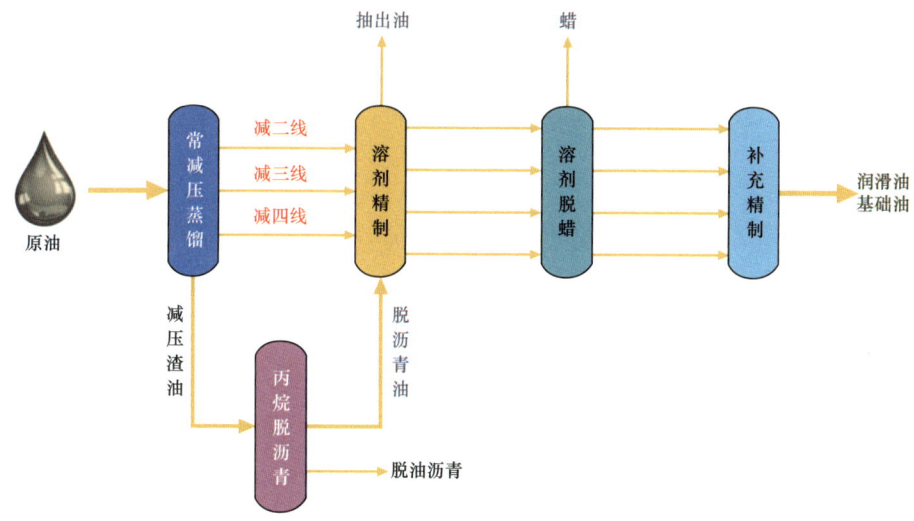

图 3.20 润滑油基础油的生产过程

随着汽车工业的发展，发动机转速提高与轴承负荷增大对润滑油提出了更高的要求，基础油已经不能满足要求。因此20世纪40年代，各种润滑油添加剂开始涌现，用于改进润滑油的性能。目前，不同种类的润滑油产品都是由不同的基础油和不同的添加剂调和而成的（图3.21）。基础油占润

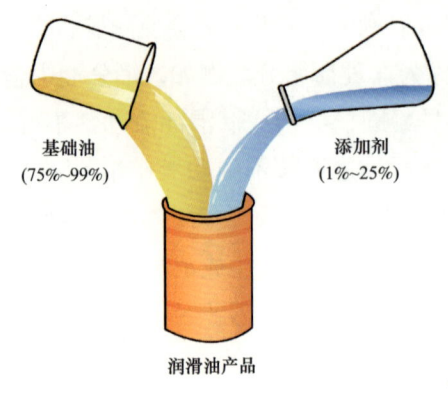

图 3.21 润滑油的构成

滑油的大部分，决定润滑油的主要性能，添加剂只是增强或提高润滑油的某些特殊性能。润滑油产品由不同类型的基础油和添加剂调和而成，调和方案通常称为润滑油的调和配方，就如同看中医有药方，不同的药方治愈不同的病症。不同的润滑油产品由不同的配方调和而成，满足不同的工作场合使用。

根据作用不同，润滑油添加剂分成不同类型，如黏度指数改进剂、降凝剂、抗泡剂和抗乳化剂等，它们的作用分别是改善黏度指数、降低凝点、抑制气泡、阻止乳化等，还有一些添加剂如清净分散剂、抗氧剂、载荷添加剂、金属减活剂、防锈剂等，分别起到清洗、抗氧化、增加载荷、减少金属活性、防止生锈的作用等。有些添加剂是几种添加剂预配制在一起，在固定油品中使用，称为复合剂，如汽油机复合剂、柴油机复合剂以及通用内燃机复合剂等。

一种润滑油并不需要添加所有的添加剂，需要根据润滑油的种类和所起作用来选择合适的添加剂。例如，用量最大、质量要求最高的发动机油，使用的时候既要适应高温的环境，又要承受很大的承载负荷，还要防止发生氧化产生沉淀物，所以通常要添加黏度指数改进剂、抗氧化剂、抗磨添加剂、清净分散剂等。

又如齿轮油，由于齿轮啮合面积很小，啮合面要承受很大的承载负荷，因此需要添加载荷添加剂；为了消除产生的气泡，需要添加抗泡剂；为了减少金属氧化，需要添加金属减活剂；为了减少锈蚀，需要添加防锈剂等。

航空、航天和国防等特殊场合对润滑油的质量要求更高，既要耐低温、耐高温，又要具备高真空使用、抗燃、抗辐射等性能，矿物油已不能满足其性能要求，因此需要具有特殊性能的合成油，如聚 α-烯烃类等不同类型的合成润滑油。

3.20 认识汽油机油和柴油机油

汽油机是以汽油为燃料的点燃式发动机,柴油机是以柴油为燃料的压燃式发动机。

汽油机和柴油机都需要润滑油,汽油机里加的润滑油称为汽油机油,柴油机里加的润滑油称为柴油机油(图3.22),汽油机油和柴油机油也称发动机油或内燃机油,简称机油,是用量最大、质量要求很高的一大类润滑油。发动机油的工作特点是温度高、压力大、速度范围宽,因此除要求发动机油具有润滑作用以外,还要求同时具有冷却、密封、清洗、防锈、防腐等作用。如果发动机里没有机油,发动机部件就会磨损、发热,造成发动机损坏。

汽油机油和柴油机油的工作条件不同,两种机油的质量要求也有差别。汽油机油要具有适宜的黏度和良好的黏温特性、清净分散性、抗磨性、抗泡

图3.22 汽油机油、柴油机油分别使用在不同发动机上

性、抗氧化和热安定性等性能。但是，柴油机比汽油机的压缩比更大，工作负荷更大，热负荷更高，压力更大，油品更容易氧化变质，生成漆膜和积炭等沉积物，因此柴油机油比汽油机油的质量要求更高，要有更好的高温抗氧化、热稳定性、抗磨性能、清净分散性、减震、酸中和性及剪切稳定性等性能。

汽油机油质量标准是美国 API 系列，用 S 表示，质量等级用英文字母顺序 A、B、C、D、E、F 等依次升高。随着汽油发动机性能的不断提高，汽油机油的质量不断更新换代。伴随人们对环保要求日趋重视，要求控制汽车尾气排放总量的要求日益严格，为改善燃油的经济性，汽油机油相应推出节能要求的 GF 系列，我国目前有 SE、SF、SG、SH、SJ、SL、GF-1、GF-2 和 GF-3 九个等级。

柴油机油的质量标准类似汽油机，是用 API 系列，柴油机油用 C 表示，质量等级随着英文字母顺序逐渐提高，目前美国主要有 CI-4、CH-4、CG-4、CF-4 和 CJ-4 等标准，我国主要有 CF、CF-4、CH-4 和 CI-4 等标准。

描述发动机油除质量等级以外，还有黏度牌号。黏度牌号是参照美国汽车工程师协会（SAE）的标准 SAE J300 进行分类的，黏度等级中带 W 的称为冬季用油或环境温度低的用油，如我国北方用油；不带 W 的称为夏季用油或环境温度高的用油，如我国南方用油。只适合冬季或者只适合夏季的用油称为单级油；既适合冬季又适合夏季的用油则称为多级油，如多级油 SAE15W-40，既满足 SAE15W 的最低使用温度 -20℃，又满足 SAE40 最高使用温度 40℃，由此看出 SAE15W-40 使用的温度范围很宽，可适合四季通用或南北通用。

从上述可以看出，要根据发动机特点，选择合适质量等级和黏度等级的发动机油。机油使用一段时间后会因为氧化等导致质量变差，需要及时更换。

3.21 把普通的机械油加到齿轮箱里行不行？

机械油是广泛应用于工业各类机械设备的用油，包括工业齿轮油、液压油、汽轮机油、压缩机油、冷冻机油等。

加到齿轮箱里的润滑油就是齿轮油。齿轮油又有汽车齿轮油和工业齿轮油两种，汽车里手动变速箱和齿轮传动轴使用的是汽车齿轮油，在冶金、煤炭、水泥和化工等工业领域广泛应用的齿轮和涡轮蜗杆传动装置里使用的是工业齿轮油。

齿轮油的工作条件与其他润滑油有很大差别。由于齿轮的啮合是线接触，接触面积小，因此接触面承受的压力很大。例如，载重机械的减速器齿轮的齿面压力达400～1000兆帕，汽车传动装置中双曲线齿轮的负荷更重，其接触部位的压力可高达1000～4000兆帕，在如此高的压力下，齿轮油极易从齿间被挤压出来，引起齿面的擦伤和磨损。因此，要求齿轮油要有合适的黏度，黏度大，其承载负荷能力大，但黏度过大会增加齿轮的运动阻力，以致发热而造成动力损失。为了提高齿轮油的耐负荷性能，需要添加一种添加剂，即极压抗磨剂。另外，工业齿轮可能处于高温、振动、有水、有尘埃等的环境中，因此工业齿轮油要有良好的热氧化安定性、抗乳化性、抗泡性、防锈防腐蚀性、剪切安定性和适宜的低温流动性等，以起到润滑、冷却、防腐蚀、防锈蚀、洗涤、降低齿面冲击与传动噪声等作用，保障齿轮正常运转，延长使用寿命。

> **小贴士**
>
> 极压抗磨剂通常为含硫、磷、氯、铅、钼等的化合物，在极压条件下能与金属表面起化学反应生成化学反应膜，起润滑作用，防止金属表面擦伤。

不同的机械油用途不同。例如，液压油是以液体为介质进行能量传递和转换的，它在液压系统中除了实现能量传递、转换和控制，还起到润滑、冷却、防锈、防腐等作用；汽轮机油，也称透平油，主要用于电厂的汽轮机、燃气轮机、水轮机及大众型船舶汽轮机、工业燃气轮机的润滑和冷却等；压缩机油是用在输送或提高气体压力的压缩机上的润滑油；冷冻机油是制冷压缩机的运转部件进行润滑和密封的润滑油。

不同的机械设备有相应的专用润滑油，每一类润滑油都有相应的产品标准，需要根据机械设备的工作特点、工作环境、工作条件选用合适的产品。因此，不同种类的润滑油不能混用，普通的机械油也不能加到齿轮箱里（图3.23）。

图 3.23　齿轮油与机械油应用在不同的机械设备

3.22　变压器里为什么要加油？

日常生活中照明需要电，电视需要电，电脑和手机也需要电，离开了电我们几乎无法生活。那么电是从哪里来的？电是从发电站来的！那么发电站的电是怎么来到我们家里的呢？答案是通过高压输电送过来的。高压、超高压和特高压输送的电压高达几万伏甚至几十万伏，而家用电压多为220伏，因此需要降压。输变电系统是实现这种电压变化的唯一途径。输变电系统是由一系列电气设备组成的，其中变压器是必不可少的。而变压器的大肚子里装了满满的变压器油，一个大的变压器肚子里会有一吨以上的油（图3.24）。没有变压器油，变压器就不能工作，那么变压器里的油为什么会这么"牛"？

图 3.24 　 变压器使用的变压器油

变压器油其实也是润滑油的一种，不过它的功能不是以润滑为主。变压器油是变压器的重要绝缘材料之一，它的主要作用是绝缘、散热冷却等。

变压器是利用电磁感应原理对变压器两侧交流电压进行变换的电气设备，由铁芯、线圈和各种绝缘材料构成，其中铁芯和线圈都浸泡在变压器油中，与空气和潮湿气体隔绝。变压器里如果没有变压器油，只有空气，那么空气的介电常数只有 1，击穿电压是 9 千伏 /2.5 毫米；如果有了变压器油，变压器油的介电常数是 2.2～2.3，击穿电压是 70 千伏 /2.5 毫米，击穿电压是前者的近 8 倍，因此抗电压击穿能力就大幅增加了。因此，变压器油被称作液体绝缘材料或绝缘油，可靠的绝缘性是它最主要的作用。

变压器在带电运行过程中，电流通过线圈及磁力线通过铁芯时，都会发热，如果这些热量不能及时散发出去，线圈和铁芯内的热量越积越多而使温度升高，会导致线圈损坏甚至烧毁。使用变压器油时，线圈和铁芯产生的热量先是被油吸收，然后通过油的自然冷却或强制循环冷却散发出去，因而保障设备的运行安全，所以变压器油的另一作用是散热冷却。

通常变压器是安装在室外的，室外环境温度变化很大。在寒冷的冬季，有些地区室外气温会低到 −40℃左右，因此变压器油要在这么低的温度下正常使用，就要求具有很低的倾点和合适的低温黏度。另外，变压器油的使用寿命很长，有的高达 20 年以上，在长时间的运行中，变压器油受电场、高温、溶解氧、水分和金属催化的影响，会发生氧化缩合反应生成酸性油泥，导致变压器油绝缘能力下降。油泥沉积使得冷却散热效果变差，引起变压器线圈局部过热，因此变压器油要有很好的抗氧化性能，减少氧化产生油泥。随着人们对安全、健康与环保意识的提高，对变压器油提出了更高的要求，如禁止含有能够致癌的极性多环芳香烃组分，环境友好的变压器油越来越受到青睐。

变压器油也是由基础油与合适的添加剂调和得到的。基础油首选环烷基原油来生产，这是因为环烷基油富含环烷烃和适宜的芳香烃，它的倾点低、溶解能力强；而添加剂主要是抗氧抑制剂。

3.23　什么是润滑脂？

润滑脂俗称"黄油"，这可不是西餐中的"黄油"，西餐中的黄油是牛奶做成的一种食品调味剂。这里说的"黄油"属于石油产品，常温下是半固体，有黄色和白色等不同颜色（图 3.25）。

食用黄油　　　　　润滑脂

图 3.25　食用黄油与润滑脂示意图

润滑脂属于润滑剂的一类，主要也是起润滑作用，减小摩擦，降低磨损，同时还兼有防水、防尘、防锈等防护作用和密封作用。和其他润滑剂不同，润滑脂还有一个"特异功能"，即可塑性，兼有液体和固体润滑剂的特点。也就是说，在常温或静止状态时，润滑脂能黏附在被润滑的物体表面，当温度升高或受到机械剪切力的作用时,润滑脂就会变软,或者变成半流动状态;温度降低和机械作用消失后,又可恢复到可塑状态,这独特的性质也称作润滑脂的流变性(图3.26)。正是由于润滑脂的可塑性,让它不同于润滑油,在特殊的应用场合里大放异彩。

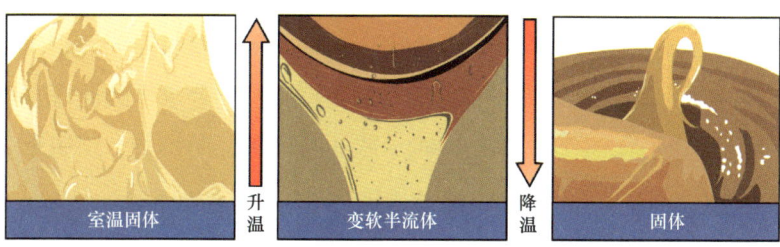

图3.26 润滑脂的流变性

润滑脂之所以呈膏状,原因是其组成除和润滑油一样含有基础油、添加剂以外,还添加了稠化剂。其中,基础油可以是一种或多种基础油调和而成,稠化剂也可以是一种或多种,添加剂则能满足润滑脂的特殊性能要求(图3.27)。

图3.27 润滑脂调和示意图

基础油在润滑脂中占比高达 80%～95%。基础油含量最高，所以基础油的类型决定了润滑脂的润滑性、黏温性、耐高温性、低温流动性、氧化安定性、抗燃性等。稠化剂在润滑脂中占比为 4%～20%。稠化剂在润滑脂中形成海绵状或者蜂窝状的结构骨架，把基础油包起来，被包起来的基础油就不能流动了。稠化剂对润滑脂的性质影响很大，它能决定润滑脂的黏稠程度、耐水和耐热的性能。添加剂在润滑脂中占比为 0～5%，别看它的含量少，但它能改善或增加润滑脂的某些性能，用来满足特殊性能要求，因此添加剂也被称为功能性添加剂，主要包括抗氧剂、极压抗磨剂、防锈剂、抗腐剂、防水剂、胶溶剂和黏附剂等类型。

润滑脂用途非常广，从人类日常生活用的自行车、电冰箱、洗衣机，到农业用的拖拉机，交通运输用的汽车、火车、船舶、飞机，航空航天用的宇宙飞行器，以及军事装备等领域，润滑脂均得到广泛的应用。它的品种和牌号也很多，通常要根据使用的工作条件不同选择合适的润滑脂，如温度、负荷、速度、工作环境和接触的介质、加注方法，更重要的是要考虑经济性。例如，汽车使用的润滑脂，由于汽车由发动机、底盘、电器、车身四大系统构成，根据不同的系统，要选择不同的润滑脂。润滑脂遍及汽车全身，涉及 100 多种零部件、200 多处润滑点，根据用途不同，分为轮毂轴承润滑脂、万向节润滑脂、车身附件润滑脂、底盘润滑脂和汽车电器用润滑脂五大类。在各种各样的润滑脂里，汽车润滑脂占了润滑脂总类型的 1/3。别看类型这么多，每辆车用的润滑脂的量并不多，也就是几百克到几千克。

3.24 为什么有的蜡烛在点燃的时候会"流泪"？

生日宴会上，我们都喜欢吹蜡烛许愿，预示对美好未来的期盼。点燃蜡烛的时候我们有时会发现蜡烛"流泪"，这是怎么回事儿呢？蜡烛是由石蜡制作而成的，石蜡是石油产品的一大类，可以制作成各种蜡产品，如日常生活中我们用到的蜡烛、医药用的蜡，甚至用来保鲜的食品级蜡（图 3.28）。

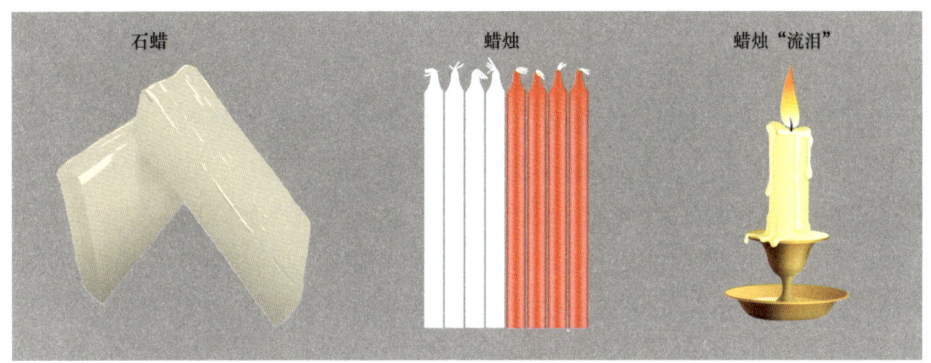

图 3.28　石蜡、蜡烛、蜡烛 "流泪"

石蜡是石油中以大分子的正构烷烃为主的碳氢化合物，常温下呈固态，高温时会熔化。对含蜡的油品，低温时石蜡就会结晶析出，蜡结晶会形成结晶网状结构，把油包住阻碍油的流动，甚至造成油的凝固。油品中含蜡会使凝点升高，低温流动性变差，因此需要把蜡分离出去，俗称脱蜡。蜡脱除了，油品的凝点就降低了，低温流动性能就会变得更好。炼油厂常用的脱蜡方法是溶剂脱蜡，使用的溶剂是丁酮和甲苯，俗称酮苯脱蜡，该方法得到的蜡会含有一些低凝固点的油分，这些油分经过 "发汗" 处理与石蜡分离开来，最后得到石蜡产品。

石蜡的主要性能指标是熔点、含油量和安定性。熔点反映石蜡的软硬程度，熔点越高，说明石蜡越硬；熔点越低，说明石蜡越软。我国的石蜡产品质量标准中规定有 52 号、54 号、56 号、58 号、60 号、62 号、64 号、66 号、68 号和 70 号 10 个牌号，这些数字表示的是石蜡的熔点。含油量指石蜡中的油分含量，石蜡中含油量高，熔点就低且颜色深。蜡烛 "流泪" 实际就是蜡烛点燃时，低熔点的油分熔化流出，看上去就像流泪一样。安定性指石蜡由于受热、空气和光照等作用发生质量变差的可能性，如石蜡颜色变深变黄（图 3.29），甚至发出臭味等。

石蜡产品按精制程度及用途不同，可分为粗石蜡、半精炼石蜡、全精炼石蜡，各种石蜡又按熔点分为不同的牌号。石油中得到的蜡分为石蜡和微晶蜡，减压馏分油中得到的蜡是石蜡，减压渣油中得到的蜡是微晶蜡。石蜡的结晶形态是尺寸较大的薄片,而微晶蜡则是由结晶比较细小的针状或粒状构成。其原因是石蜡来自减压馏分油,主要成分是长链的正构烷烃;而微晶蜡来自高沸点的减压渣油,主要成分是分子量较大、带有长侧链的环烷烃和芳香烃等环状烃,环状烃尤其是芳香烃形成的结晶都很细小。这样使得石蜡和微晶蜡的性质有明显的差别,石蜡是脆性的,受力后很容易断裂;而微晶蜡的硬度小,柔韧性和黏附性较好,受力后容易变形,不易脆裂。因此,微晶蜡可作为石蜡的改质剂,向石蜡中添加少量微晶蜡,即可改变石蜡的结晶形状,提高其塑性和挠性,从而使石蜡更适用于铸模、造纸、防水、防潮等应用领域。

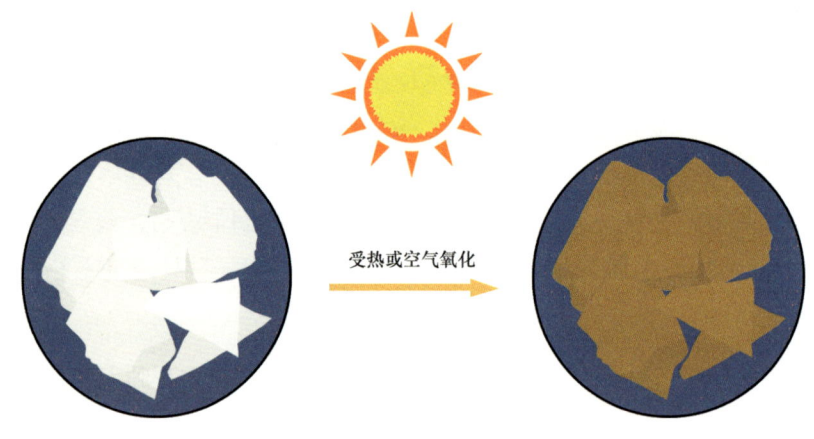

图 3.29 石蜡变质示意图

3.25 凡士林是什么?

19世纪美国宾夕法尼亚州的石油钻井工人偶然发现钻井杆上结的蜡膏有止痛和治疗灼烧的效果,后来药剂师兼化学家罗伯特·切森堡对其进行了11年的研究,最终有商品生产,命名为"凡士林",于1870年获得了专利（图 3.30）。凡士林这个名词可能很多人没有听说过，但很多人用过由它制成的商品，如日常生活中人们使用的发乳、发油、发蜡、口红、护肤脂等化妆品，医药上使用的软膏、乳膏等，其主要成分就是凡士林。

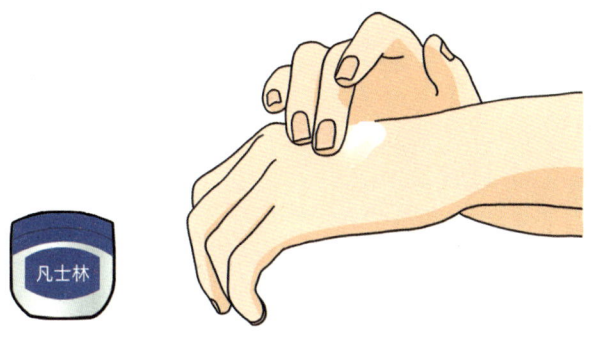

图 3.30　凡士林

凡士林的学名为石油脂，是微晶蜡和油的混合物。减压渣油经过脱蜡工艺得到的蜡膏即微晶蜡，蜡膏里掺入不同量的中黏度和高黏度的润滑油，就得到不同用途的凡士林。减压渣油直接得到的蜡膏含有诸多杂质，根据凡士林的用途需求，还需要不同程度的精制。如用在医药和化妆品上，就需要深度精制，除去对人体有害的杂质，不能有异味。精制深度不同，颜色也不同，精制深度越深，颜色越浅，有深黄色、浅黄色和白色。

凡士林除在医疗护肤和化妆品领域使用以外，在其他方面也有很多应用。例如，电容器凡士林，用来浸渍电容器绝缘材料和浇注电容器浸润；还可用于工业上防锈、防水、轻型机械和精密仪表的润滑，纺织工业的机械润滑等。

3.26　栩栩如生的蜡像馆中人物的蜡来自石油

每当走进蜡像馆，我们都会情不自禁被栩栩如生的人物所吸引，惊喜地以为我们日思夜想的偶像、名人就活生生地出现在我们眼前，和我们不期而遇，瞪大眼睛仔细观看，到底是不是真的？看来看去，结果小有失落，原来是假的，只是个塑像，是什么做成的塑像会如此逼真以至于让我们第一眼都错认为是真实的人物？其实蜡像馆中的人物是石蜡做成的（图3.31）。

图3.31 蜡像

石蜡是石油产品的一类，其特点是容易凝固，加热后又容易流动。石蜡室温下是固体，加热时升高到一定温度就熔化变成流动的液体，因此利用石蜡容易成型的特点，可以制作各种各样不同形态的蜡像。另外再加上石蜡颗粒细小，表面光滑细腻，制作成的蜡像如人体皮肤一样光滑细腻，所以我们看到的蜡像馆里的塑像如此逼真。

3.27 可以吃的石油产品

近年来，人们有时会看到"桶装方便面、方便筷、纸杯上含有蜡"这样的报道，这些蜡状物质究竟是什么成分？对人体健康有没有危害呢？其实，这些用途的蜡是食品级蜡。

食用蜡通常包括天然蜡和石油蜡，前者一般是动植物的分泌物，如蜂蜡、木蜡、果蜡，其主要成分是碳水化合物、酯、有机酸等；而石油蜡的主要成分是碳原子数为9~60的正构烷烃，以及异构烷烃和带长侧链的环状烃，是一种可以吃的石油产品。

值得注意的是，并不是所有的石油蜡都可以食用，一定是标注食品用石油蜡才能吃。少量摄入食品蜡不会对人体造成任何损害，但若过多摄入会使人体排毒和分解器官（如肝脏等）负担过重，影响健康。

食用蜡与普通工业石油蜡有什么区别呢？工业石油蜡指从石油中提取且未经过深度精炼的石蜡，一般为白色，无臭无味，含有少量的稠环芳香烃以及微量的铅、砷等金属。如果工业石油蜡进入人体，不仅会影响呼吸道、肠胃系统，而且稠环芳香烃与重金属会在人体内积累，长此以往会带来巨大危害。因此，禁止在食品生产加工中添加和使用工业石油蜡，只有食品级石油蜡才能作为食品添加剂在规定的范围内限量使用。

食用蜡主要是以石油蜡为原料，先经发汗或脱油，再经加氢精制或白土精制所得，有时也将两种精制工艺联合使用，先进行白土精制再进行加氢精制。一般来说，白土精制脱氮能力较强，精制油凝点回升较小，光安定性比加氢精制油更好，但是脱硫能力较差，且白土是固体物质，生产效率低，废白土易污染环境。精制程度越深，颜色越浅，石油蜡产品质量越好，生产成本也越高。

食用蜡按用途可分为食品石蜡和食品包装石蜡，由于涉及人体健康，所以对两类食用蜡的质量都有严格的规定，如要求限制稠环芳香烃的含量，嗅味合格，并通过监控不安定组分的易炭化物试验。

食品石蜡可以使用喷雾或浸渍的方法直接涂在蔬菜、水果和奶酪等食品的表面，如茄子、西红柿、柠檬、橙子、甜瓜、苹果、香梨等，以长期保持食品新鲜、干净，减缓水分蒸发或发霉腐烂（图3.32）；也可以作为食品的消泡剂，防止豆制品、乳制品等煮浆和加工过程中产生泡沫。需要注意的是，并非所有果蔬表面的蜡状物质都是食品石蜡，苹果等部分水果表面本身会带有天然的果蜡。我们常吃的胶姆糖、泡泡糖和口香糖中也有食品石蜡，含量占总组成的 5%~7%。由于这些糖果需在口腔内不断咀嚼后，仍要求在人体温度下保持一定的弹性、塑性和硬度，要求选用石蜡的熔点在 56~62℃ 之间。食品石蜡还大量用作啤酒罐、饮料罐的内涂衬，可以保持饮品无臭、无毒，并且避免与容器发生溶解和反应。

食品包装石蜡的纯度、安全性较食品石蜡差一点，更普遍用于糖果、食品的内外包装纸的涂层，防止食品吸水受潮，也可以用于制作药片的包装瓶封口剂。

图 3.32　食品蜡及其应用

食用蜡也大量应用于化妆品与日用品。食用石蜡和食用微晶蜡具有低致敏性与很好的封闭性，有阻隔皮肤水分蒸发的作用，常作为柔润剂和黏合剂出现在口红、润肤霜等化妆品中，质地为白色固体，是蜂蜡较为经济的替代物。液体石蜡由于碳数较低，性状为无色透明油状液体，具有良好的油溶性质，会出现在卸妆油或卸妆乳中。食用蜡在医药用品方面也有应用，如用作药品的糖衣；液体石蜡在肠道内难以消化和吸收，对肠壁和粪便具有润滑作用，同时能阻止肠道内的水分被吸收，进而能够软化大便，使之易于排出，因此可用作泻药；还被用于医疗器械的消毒和防锈。

3.28 为什么有的马路在夏天会发软？

俗话说"要想富，先修路"，可见路的重要性。大家天天都在柏油马路上走，可不一定都知道马路上铺的是什么材料。过去人们常说的"柏油"，多半是从煤里得到的，学名叫"煤沥青"。因为煤沥青中含有大量的致癌物质，对于道路施工人员的健康危害很大，所以后来便全部改用从石油中提取的石油沥青了。人类用石油沥青铺路的历史可以追溯到三四千年以前，考古工作者发现在古巴比伦（现伊拉克所在地）就使用石油沥青来铺路了。

石油沥青是石油里最重的成分，在常温下看起来是黑色的固体，沥青有的很硬，而有的就比较软，在挤压下会变形。当温度升高时，沥青会变软，成为黏稠的流体。用沥青铺路的时候，先要把它加热到能够流动，再趁热把它和沙子以及大小不同的石子混合起来搅拌均匀，然后把这种混合料摊铺到路基上，紧接着再平整压实，这样就定型为沥青混凝土路面了。与沙石路面相比，沥青路面能够大幅提高车速，降低油耗和运输成本，延长轮胎行驶里程，节省养路费及材料费等。

是不是不管什么样的沥青都可以拿来铺成质量很好的道路呢？不是这样的。就像汽油、柴油一样，石油沥青也有不同的品种和牌号。从用途上来分，除了有道路沥青，还有建筑沥青、防水防潮沥青、管道防腐沥青、绝缘

> **小贴士**
> 所谓针入度，就是在规定条件下，用一根负重的标准针向沥青试样插进去，在一定时间内它能插进沥青的深度（以0.1毫米计）。

沥青、油漆沥青、乳化沥青等。单从普通的道路沥青来说，我国就有200号、180号、140号、100号和60号5个牌号，这些数字表示的是沥青在25℃下的针入度。这样就很容易想到，当沥青越软时，它的针入度越大；而当沥青越硬时，它的针入度也就越小。

那么为什么道路沥青要分那么多牌号呢？这是因为道路沥青是露天使用的，必须要考虑气温的影响。我国地缘辽阔，南北温差较大。南方常年在0℃以上，暴晒下地面最高温度可达50℃以上，而北方冬季的温度最低会降到-40℃。因此，在北方可以用针入度较大的沥青，也就是较软的沥青铺路；而在南方就必须用针入度较小的沥青铺路，否则，在夏季的炎炎烈日下路面就会变软，以致路面会被车轮压出一道道车辙，如此道路的寿命就会大大地缩短。正常来说，如果沥青牌号选择恰当、用量合理且铺路方法正确，那么即使在南方的夏天，沥青路面也不会发软。

3.29 普通道路沥青能铺在高速公路上吗？

我国幅员辽阔，要发展国民经济，交通必须先行，尤其是在西部大开发的进程中，发展交通更是刻不容缓。交通运输部于 2013 年 6 月公布了《国家公路网规划（2013 年—2030 年）》，我国将在 2030 年前建成覆盖全国的高速公路网，其中包括 7 条首都放射线、11 条南北纵向线和 18 条东西横向线，总长达 11.8 万千米。这就需要生产和使用大量的优质重交通道路沥青。

为什么高速公路上铺的沥青质量要求更高呢？这要从高速公路路面的工作条件说起。高速公路上除了行驶小轿车，还有大量的载重汽车，有不少是装有几十吨货物的大卡车，所以路面必须要能承受较重的负荷。既然号称高速公路，车辆在路上行驶的速度就相当快了，一般每小时得跑 100 千米左右；再者，高速公路上一般车流量也是比较大的。这就要求路面必须有

> **小贴士**
>
> 韧性表示沥青路面在外力作用下的抗变形与断裂能力，韧性好，表明沥青路面可承受的压力大。
>
> 延展性表示沥青路面在应力作用下的黏弹性，也表示它拉伸到断裂前的伸展能力，延展性好，表明沥青路面的塑性变形性能好，不易出现裂纹，即使出现裂纹也容易自愈。

较好的韧性和延展性，路面上的沥青要能长期反复地承受负重车轮的碾压而不会因疲劳而变形，更不会形成一道道的车辙。同时还应考虑路面的温度，在夏季烈日的暴晒下地面温度会高达 50℃以上，在我国北方冬季则会低至 −40℃左右，甚至更低。质量不好的沥青在这样的条件下就很容易老化并进而缩裂，裂缝里一旦进水，那就会加速路面上沥青的剥落。高速公路上行驶的车辆速度很快，要求路面非常平整，假如出现不平甚至坑坑洼洼的情况，其后果不堪设想。

建设一条高速公路需要投入巨资，一般要求它能正常使用 15~20 年不大修；假如需要频繁整修，那么不但费钱，还会使交通的大动脉受阻。这就对所使用的重交通道路沥青提出了更苛刻的要求，必须对其抗老化性能等制定

一系列更加严格的质量指标。总之,把普通道路沥青铺在高速公路上是绝对不行的,用不了多久就会"分崩离析"、全面崩溃。

如今飞机场里的跑道一般铺设的也是沥青路面。飞机的安全起飞和降落是人命关天的大事,所以一定也要使用高质量的重交通道路沥青,这样才能使跑道长期保持平整,不易变形,也不出现轮辙。

生产重交通道路沥青的关键是要选择合适的原料。假如原油的性质适合,就可以经过简单的加工得到重交通道路沥青;假如原油的性质不适合,虽然也可以设法生产重交通道路沥青,但是需要采用一系列比较复杂的加工与调和过程,那样成本就高了。我国新疆油田、辽河油田和渤海油田就有比较适合生产重交通道路沥青的原油。

为了进一步提高道路沥青的质量,延长其使用寿命,现在还采用一种改性的技术。所谓改性,就是把合成橡胶之类的高分子聚合物加入沥青。用改性沥青铺的路面在高温下不容易形成车辙,在低温下不容易缩裂,长期反复受压也不易因疲劳而出现裂纹。

3.30 沥青产品能让房顶不漏水

"屋漏偏逢连夜雨",房屋漏雨是让人非常烦心的。为了防止漏雨,过去的房屋基本都是尖顶。现在新建的房子很多是平顶的,建房时在房顶也都铺上了防水材料,可以解决漏雨的问题。但也有部分顶层住户还会因为下雨漏水而烦恼,在有些地方漏雨几乎成了顽症,虽经一再修理往往还是照漏不误。究其原因,主要还是所用防水材料的质量问题,同时采用正确的施工方法也很重要。

目前,建筑业常用的防水材料叫作建筑沥青,这种沥青与道路沥青的性能有所不同。建筑沥青比较硬,其软化温度相对要高一些。建筑沥青一般是以原油经过常减压蒸馏得到的减压渣油为原料,用氧化的方法制得的。常温下建筑沥青是黑色的脆性固体,加热至100℃以上时会逐渐软化,直至成为很黏稠的液体。在实际施工中,必须用沥青做成防水卷材才能使用。防水卷材俗称油毡,目前常用的是以纸为胎基制得的所谓的纸胎油毡。制造时,先用比较容易软化的沥青(道路沥青)在200℃左右浸渍纸质胎基,然后再用软化温度较高的建筑沥青涂敷在油纸的表面,再撒布一些滑石粉,经冷却便成了防水卷材。

用这种防水卷材铺装在屋面上时,一般都要铺上好几层,每两层之间都需要用加热熔化的沥青加以黏结。要使屋面不漏雨,首先要用质地优良的油毡,即使在阳光的长期暴晒下,其中的沥青也不易老化,那样就不易出现漏水的裂缝;同时还要使油毡之间的黏结严密牢固,不易脱离。当进行屋顶防水施工时,我们常可以看到烟雾缭绕,这是建筑工人在用大火加热黏结用的沥青。沥青是很容易氧化的,加热的温度太高、时间太长,会使沥青因过度氧化而变得太脆,那样就很容易开裂。用这样的材料去黏结油毡,用不了多久屋顶就会漏水。

屋顶长期受到阳光的照射,同时由于严冬酷暑、白天黑夜温差较大,还会热胀冷缩,防水层必须要有很好的耐老化性、耐热性和延伸性,才能有较长的使用寿命。为此，近年来在两方面进行了改进：一方面是以高分子聚合物改性的沥青来生产防水卷材；另一方面是以玻璃纤维布、尼龙布等代替纸张作为胎基。采用了这些新技术，同时又对铺设施工方法加以改进后，便可保证屋顶在较长时间内不漏水，解决住户的心腹之患。除了用于屋顶防水（图3.33），在建筑地基的防水以及在防止水库坝体渗水等方面，石油沥青也都是必不可少的防水材料。

图 3.33　沥青防水示意图

3.31　沥青也可以五颜六色

沥青是什么颜色的？不是黑色的，难道还有其他颜色吗？答案是肯定的。为营造时代气息，公路、道路、广场或公园等常铺设彩色路面，色泽鲜艳持久，不仅可以改善视觉美观效果，还增加了区分功能和指示作用。

彩色沥青按照生产工艺可以分为两种：一种是通过普通石油沥青直接改性而得，具备普通沥青抗老化能力强的特点，颜色通常为棕红色；另一种是

三　丰富多彩的石油产品

现在广泛使用的彩色沥青，是由化工树脂、高分子聚合物、填充油以及添加剂等按照一定比例调配出与普通沥青性能相当的胶结料，再加入调色剂得到的。

当前使用的调色剂有氧化物、硫化物、金属盐等无机类调色剂，是最广泛采用的调色剂，具有稳定性和遮盖能力好、造价低的优点，但是产品的色泽度一般，部分金属盐可能存在毒性。也可以用有机类调色剂，如偶氮化合物、酞菁类化合物、环烷类化合物，具有光泽度高、附着力强的优点，但是造价较高，光稳定性与耐久度差，在阳光和雨水的作用下容易褪色。

普通道路沥青的评价指标是针入度、延度和软化点等，由于彩色沥青的物理化学性能与普通沥青相似，其在路面应用过程也与普通沥青相同，因此彩色沥青的评价指标与普通沥青相似。为了确保彩色沥青的耐久性，首先使用普通沥青的老化试验方法来评价其耐久性，其次增加对老化后颜色变异的控制要求，以确保性能稳定和颜色一致。为了保证彩色沥青的安全性，对沥青闪点提出了评价指标要求；部分地区增加了黏度指标的要求，以保证彩色沥青的黏附性，确保容易施工和路面耐久。

目前，彩色透水沥青的主要应用包括三大类：（1）彩色沥青透水路面，用于透水路面的彩色透水沥青，呈现出良好的排水、吸尘与降噪性能，被广泛应用在公园及市政道路中。（2）彩色透水沥青罩面工程，可以在旧路面上施工，操作简单，价格较低，应用广泛。（3）彩色抗滑磨耗路面，广泛应用在隧道入口、收费站、匝道等路面。为了提高路面的抗磨耗性，在沥青中增大了树脂的含量，并添加固化剂保证其稳定性。施工时将适量的混合料摊铺在路面，待其固化后即可开放交通。

随着人民生活水平的提高，彩色沥青路面由于色彩鲜艳和多功能性而广受欢迎，各类彩色沥青将更多地出现在我们的生活中，改善了人类居住环境，且带来了更多便利。

3.32 用途广泛的石油焦

石油焦是延迟焦化加工过程的重要产品，呈现黑色或暗灰色。从外观上看，石油焦为形状不规则、大小不一的黑褐色块状或颗粒状物质，有金属光泽，具多孔隙结构，主要组成元素为碳以及少量的氢、硫、氮、氧、金属等。石油焦具有"一稳、二低、三高"的特点，即性质和组成比煤相对稳定，低灰分、低挥发分，碳含量高、硫含量高、发热量高。衡量石油焦质量的主要指标是硫含量，因为硫对后续以石油焦为原料的加工过程有不良影响。根据硫含量不同，石油焦分为低硫焦（硫含量小于2%）、中硫焦（硫含量为2%~4%）和高硫焦（硫含量大于4%）。

石油焦按照外形不同可以分为海绵焦、蜂窝焦、弹丸焦和针状焦，它们是不同的渣油原料在不同反应条件下得到的焦炭产品。弹丸焦一般由高沥青质、高硫原料生产得到，性质较差，一般只能作为发电、水泥窑等的工业燃料；海绵焦和蜂窝焦除可用作各类工业燃料以外，经煅烧碳化脱硫后可以用来生产石墨电极、碳糊制品、金刚石砂、电石和活性炭等。针状焦对硫含量、灰分、挥发分和密度等指标具有严格的质量要求，对生产工艺和原料也具有特殊的要求。

石油焦的产品在炼钢工业和炼铝工业中都大有用武之地。石油焦若要制作炼钢和炼铝的电极，那就需要先在1300℃左右进行煅烧，除去其中的可挥发成分，之后再在2300~2500℃进行石墨化，使微小的石墨结晶长大，并使其在结构上更加趋近于石墨，最后可以加工成冶炼电极。

需要指出的是，用一般的石油焦为原料仅能制作出电炉炼钢工业中的普通功率石墨电极，若要制作高功率和超高功率的石墨电极，则必须用优质的石油焦（针状焦）为原料。针状焦的孔大而少，略呈椭圆形，有明显的针状结构和纤维纹理，具有高密度、高纯度、高强度、低硫量、低烧蚀量、低热膨胀系数及良好的抗热震性能，在导热、导电、导磁和光学上有明显的各向异性，可用作炼钢工业中的高功率或超高功率石墨电极、原子反应堆的减速剂和特种碳素制品。由于针状焦的热性能、电性能及物理性能优越，用它制作的石墨电极具有低热膨胀系数、低电阻、高结晶度、高纯度及高密度等优点。针状焦制备的超高功率电极应用于炼钢电炉，可以缩短熔炼时间，降低电耗，增加产量，提高冶炼效率，节约原材料的消耗，降低生产成本。

此外，还有一种类似针状焦的特种石油焦，它是生产核电站中核反应堆用石墨套管的原料，可以设想此类产品必须确保绝对安全，所以对其质量的要求当然更加严格。

四　炼油厂的今夕与未来

伴随炼油技术和理念的发展，炼油厂的规模和内涵不断发生变化。当前炼油厂的特点是高度自动化，利用分布式控制系统，岗位人员在操作终端通过系统软件就可以直观地查看相关操作参数，并且对一些设备进行远程调控。未来的炼油厂将是自动化与信息化相结合，并融合绿色低碳的发展理念，建成智慧炼油厂，这样的炼油厂让我们一起期待吧。

4.1 我国的炼油历史

石油从地下开采出来后，需要经过复杂的炼制加工过程，才能得到琳琅满目的石油产品。人类的炼油工业大约有200年的历史。尽管我国很早就已发现、开采和利用石油，但直至全球炼油工业逐步兴起，我国才随之兴起现代炼油工业，因此起步相对较晚。从炼油工业的"一穷二白"到炼油强国，勤劳智慧的中华民族走过了一段艰苦历程。

> **小贴士**
>
> 杜比宁三兄弟指瓦西里·阿列克谢维奇·杜比宁与他的两个兄弟马卡尔和盖拉西姆。1823年，杜比宁三兄弟将一具铁制蒸馏釜架设在用砖块砌的简易炉子上，然后将一根铜管穿过釜顶盖子插入蒸馏釜并流经装有冷水的木桶使馏出物得以冷却，最后流入容器获得石油产品，这也被认为是世界第一座石油蒸馏工厂。

早在1823年，俄国杜比宁三兄弟就在莫兹多克建立了世界第一座釜式蒸馏工厂炼制石油，炼油工业正式产生。而近代的中国，特别是鸦片战争之后，由于帝国主义入侵和军阀混战，国内的炼油工业几乎是"一穷二白"。1905年，陕西地方政府建立延长石油厂，开始开钻采油和生产煤油（图4.1）。

图 4.1　延长石油厂

1942年，甘肃油矿局建立了以釜式蒸馏为主的炼油厂，生产效率大大提升，原油加工量达到6.4万吨/年。此时我国的炼油工业处于"萌芽"阶段，产品也较为单一，主要是汽油、煤油、柴油和石蜡。

中华人民共和国成立前夕，大部分炼油工业所需的生产设备被毁坏，可以运行的设备很少。到1949年中华人民共和国成立，由于炼油装置（蒸馏、热裂化、叠合、离心脱蜡等）较少，炼油厂规模也很小，我国原油加工能力仅为17万吨/年，石油产品产量只有 8 万吨,其中汽油、煤油、柴油和润滑油的产量更是只有 3.5 万吨,因此紧随时代潮流发展炼油工业迫在眉睫。

"沉舟侧畔千帆过,病树前头万木春。"中华人民共和国成立后,百废俱兴,党和政府为了全国经济发展,非常支持石油炼制工业的恢复和发展,我国炼油工业因此逐渐进入新的时代。不只是已有的炼油厂得以恢复,新的炼油厂也投入运营。1958 年,经过全国人民的努力,终于建成了我国第一个大型现代化炼油厂——兰州炼油厂(图 4.2),同时还掌握了移动床催化裂化和润滑油生产等高新先进技术,这使我国的炼油能力大幅度提高,达到了 100 万吨/年。此后,我国的石油炼制工业得到了长足的进步和发展。

图 4.2　1958 年 9 月,兰州炼油厂一期工程建成(引自《石油老照片》)

大庆油田的成功发现和开采,使我国原油产量快速增长。1961 年石油工业部组织了大庆炼油大会战,依靠自身力量建设了一批百万吨级的大型炼油厂,其中最具代表性的就是大庆炼油厂,原油加工能力达到了 150 万吨/年。并且经过老一辈技术人员不断学习和改进,我国掌握了延迟焦化、流化催化裂化、铂重整、尿素脱蜡等先进技术和相应的催化剂制造工艺,大大缩小了与世界先进水平的差距。

20 世纪 70 年代起,我国石油工业蓬勃发展,炼油厂的加工能力得到了大幅度提升,并且在新技术的加持下,建设了多金属催化重整、分子筛脱蜡、喷雾蜡脱油、软蜡裂解、加氢精制、提升管催化裂化、同轴式流化床催化裂化等新型生产设备。1974年，玉门炼油厂投产了一种使用分子筛催化剂的提升管催化裂化装置，是当时最具有代表性的新型生产设备。随着提升管反应器的建设和分子筛在炼油工业的应用，我国炼油行业发生了翻天覆地的变化，炼油厂节能和环保技术水平大大提高。

从改革开放到20世纪末，我国的炼油工业进入高质量快速发展阶段，原油产量和加工能力飞速增长，1998年原油加工能力达到2.5亿吨，位居世界第三位。在此期间，我国成立了中国石油、中国石化、中国海油三大公司，实现了石油工业的多元化发展，分工明确，各自经营，新建和扩建了一大批炼油厂和深度加工装置，并取得了多项科技成果。这个时期，我国的炼油行业一片欣欣向荣。

在21世纪第一个十年期间，我国坚持以资源为基础、以市场为导向的基本原则，大力调整了炼油产业布局。2009年，惠州炼化、福建炼化、独山子石化、天津石化等大型炼油项目陆续建成，至此已建成的千万吨级炼油厂达到17座，我国成为全球第二大炼油国。与此同时，我国的自主炼油技术也实现了较大发展，炼油工业基本依靠国内技术，85%以上的催化剂实现国产。

新时代，随着环保法规的严格、燃料产品需求的饱和以及"双碳"目标的提出，我国炼油行业面临着诸多挑战和机遇。"十三五"期间，我国规划并有序推进七大石化产业基地（大连长兴岛、河北曹妃甸、江苏连云港、上海漕泾、浙江宁波、广东惠州、福建古雷）建设，使我国炼油行业朝着装置大型化、炼化一体化、产业集群化方向发展。

4.2 炼油技术的"五朵金花"是什么？

1961年，石油工业部在北京香山主持召开炼油科研会议，研究制定炼油科技发展规划。会上提出了已解决的5项技术难题，大家就将这5项炼油工业新技术形象地称为"五朵金花"，即流化催化裂化、延迟焦化、催化重整、尿素脱蜡，以及炼油催化剂和石油添加剂（图4.3）。

> **小贴士**
> 《五朵金花》是1959年一部国产电影的名字，影片中有5位勤劳、美丽的白族姑娘，她们的名字都叫金花，非常受人们的喜爱。

图 4.3　长开不败的"五朵金花"

第一朵：流化催化裂化。流化催化裂化（FCC）是炼油厂最重要的转化工艺之一。它的主要作用是将原油中高沸点、高分子量的烃类组分转化为汽油、柴油、低碳烯烃等更有价值的产品。流化催化裂化是当时世界上最先进的石油炼制技术，长期被美国垄断。1965年10月，我国投产的第一套新型催化裂化装置采用了先进的流化床催化裂化工艺。

第二朵：延迟焦化。延迟焦化是一种深度热转化过程，其主要是通过裂化反应把常减压蒸馏装置无法处理的减压渣油分解成小分子烃，得到汽柴油和焦炭，从而实现由高残炭值的渣油向轻质油的转化。我国首套30万吨/年延迟焦化生产装置于1963年在抚顺建成投产。

第三朵：催化重整。在催化条件下，汽油馏分中烃类分子结构重排成新分子结构的过程称为催化重整。重整油可用作汽油调和组分，也可从中抽提制取苯、甲苯和二甲苯。催化重整的副产物氢气，可以用于炼油厂加氢处理装置，如加氢处理、加氢裂化。1965年，我国单套10万吨/年工业催化重整装置在大庆建成投产。

第四朵：尿素脱蜡。油品中的正构烷烃会使油品的凝点升高，尿素脱蜡是生产低凝点油品的一种方法。首先尿素与正构烷烃形成络合物，从石油馏分中就可以分离出高凝点石蜡。经过该过程处理，油品的凝点可以降低到 $-60 \sim -40$ ℃，同时副产高纯度液体石蜡，这是一项富有我国特点的石油炼制工艺技术创新。

第五朵：炼油催化剂和石油添加剂。催化剂被广泛应用于炼油工业，主要包括催化裂化催化剂、重整催化剂等。此外，当精炼汽油、煤油、柴油、润滑油等石油产品的质量和性能仍不能满足使用要求时，可以添加一些添加剂来满足要求或提高性能。1966—1978年，全国新建催化剂生产装置14套，年产量由1965年的1368吨增加到1978年的20785吨；添加剂年产量由2498吨增加到32011吨。

直至今天，石油炼制工业的骨干工艺仍是催化裂化、催化重整、延迟焦化等技术，"五朵金花"依然灿烂。

4.3 炼油厂建在哪里合适？

炼油厂的选址首先应与国家产业布局相一致，还需要满足方便获取原油资源并将产品便捷迅速地输送到目标市场的需求，这样不仅可以保证炼油厂正常运转，同时也能降低原油和产品运入、运出的费用，进而保证炼油厂运行的经济性。最理想的厂址就是既靠近原油产地又靠近产品消费地。一般情况下,当不能同时具备上述两种条件时,厂址更倾向于选择油品需求量较大的地方。厂址所在地也因此应当具备便捷的交通运输条件,包括临近海港、高速公路和铁路沿线等重要交通枢纽,这不仅便于原油和产品的有效运送,还可以减少原材料和商品的储运期限,从而扩大可用储存空间,减少仓储成本(图4.4)。

图4.4 炼油厂选址

4.4 炼油厂的平面怎么布置?

炼油厂有五个平面布置板块,主要包括工艺装置区、储运区、公用工程系统、辅助设施和通道。工艺装置区承担着"原料变产品"的核心任务,按装置功能可划分为流体输送设备、加热设备、换热设备、传质设备、反应设备和容器六种类型。储运区主要包含存储原料(原油、半成品油、渣油等)、产品(轻油、润滑油)的罐区和运输油料的交通设施。公用工程系统一般按照物质或者能量的存在形式进行划分,一般可划分为供水、供电、供气、供热、供冷等部分。辅助设施是全局的生产销售"协调家"、安全环保"看门人",由综合楼、消防站、仓库、三修、污水处理、火炬设施等构成。综合楼"将士们"的运筹帷幄,三修部"后勤人"的有条不紊,都离不开辅助设施。通道板块统筹兼顾设备空间布局与功能匹配的关系,形成"布局集中、防火排污、土地集约"的整体格局,节约集约用地,打造"产品增产"的高效工厂。

在节约用地方面，有以下"法宝"：

第一，功能分区的划分可从安全防火、便捷操作、高效管理等方面综合考虑。贯彻"物以类聚，统筹兼顾"的理念，满足炼油工厂布局基本要求，即原料进厂和产品出厂分离、设备划分方块区、锅炉房与电路保持安全距离、道路呈现环状式、排污处理远离生产区等。

第二，"平铺式"传统体系改为"立体式"现代模式。合理确定地上通道宽度，搭建管路长廊，深层铺设排污管路，分离光纤电路，预留备用管线，集中布置主管带，优化工艺单元的布局，实现地上、地下多层一体化。

节能降耗是企业的生存之本，只有低成本，才有高效益，那炼油厂怎么做到节能降耗呢？

第一，将"热电利用平衡"落到实处，分析各工艺单元装置的能源消耗，具体应从生产原料、工艺操作、余能利用、产品品质和合格率、用能管理等方面研究，努力寻找降低综合能耗的技术突破口。同时，对全厂能源计量仪表、高耗能电机、工艺炉热效率、中水回用等情况进行详细摸底、排查，以进一步找出节能管理中存在的薄弱环节和提升空间。

第二，根据工艺总流程的安全距离，合理确定各装置之间的平面位置关

系，使整体工艺管线"少走弯路"，工艺装置"少耗能源"，各功能区的设计要"因需求而宜，因特点而异"。例如，某炼油厂将苯乙烯富余烃化尾气并入天然气管网，实现"内部消化，高效利用"；原油罐区的设计应尽量靠近常减压蒸馏装置，中间原料罐区应尽量靠近成品罐区，成品罐区应尽量靠近成品交通枢纽站以降低输出成本。

第三，全厂中的公用工程设施，尤其是那些为工艺装置提供水、电、汽、风等的设施，应尽量靠近负荷中心的工艺装置区布置。

综上所述，炼油厂的选址应该综合评定生产工艺、地质条件、气候、水源、电力、消防设施、噪声等方面对工厂存在的或潜在的影响，以便确定最佳方案。而炼油厂总平面布置不仅要保障好安全生产，还要综合考虑经济效益最大化，尽可能减少投资，降低能耗，为炼油厂转型和实现高质量发展奠定坚实的基础。

4.5 炼油厂人少办大事

炼油厂内设备复杂、车间众多，还有很多曲曲折折的管路和线路，但是炼油厂的操作人员却不多，那么为数不多的操作人员是怎么管理和控制炼油厂这个庞大且复杂的"大家伙"呢？这就依赖于炼油厂的自动化信息系统了。

自动化信息系统，是指由人和自动化机械设备构成的人机系统，人只是管理者和监视者，机械运转不依赖于人的控制。炼油过程是一种连续操作，其主要特点是拥有较多数量的、相互连接的设备，从而提高了生产效率。物料在各个设备之间流动，需要持续运转，不可以中途终止操作。

设备之间既存在物料平衡，又存在能量平衡。使用自动化信息系统对每个设备进行控制，能够有效减少生产环节的失误，提高生产效率。

炼油厂中广泛采用的自动化信息系统是分布式控制系统（Distributed Control System，DCS），其本质是一个多层计算机系统，包括过程控制系统和过程监控系统。举个通俗易懂的例子，由于某个工艺需要，水箱液位需要维持在一定范围内，如果水箱液位发生较大波动且超出预定范围，既能够选择去现场手动调节控制液位的阀门，也能够通过 DCS 系统发出指令进行调控。如图 4.5 所示，DCS 系统相当于人类的大脑，对眼睛看到的情况（即现场检测仪表传输过来的信号，如液位升高）做出反应（即发出指令，如减小进水阀门开度），现场执行设备在接受指令后做出对应的动作（如进水阀门关小）。

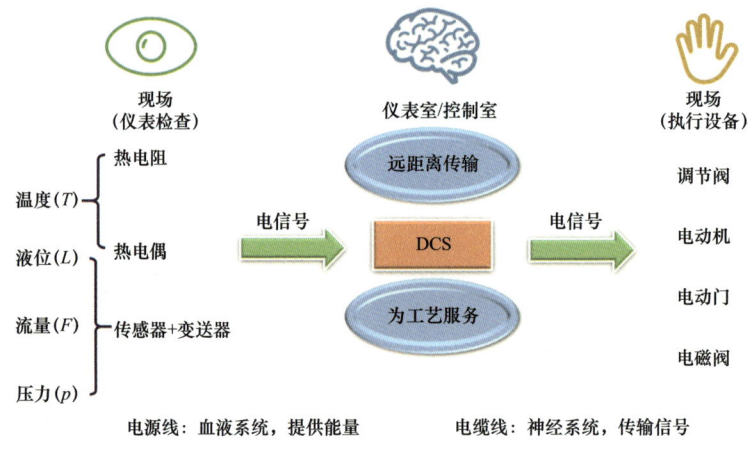

图 4.5　DCS 控制系统示意图

再以某加工能力为 2500 万吨/年的炼油厂为例，该炼油厂能够加工品种多样、性质不同的海外原油，为此引入了原油调和优化系统。该系统功能强大，能够迅速地完成远程订购、线上指挥、网络监控，大大降低了时间成本与经济成本。通过运用原油调和优化系统，能够实时查看储油罐的运行状况，检测原油库存数量、终端油的排放状况等多项数据。工厂操作员则可以根据生产计划实现生产设备的集油、注油、调和等各项操作。尤其是在原油调和过程中，能够为组分罐检查、单罐组分追踪、掺和罐组分追踪、掺和目标罐追踪及掺和质量状态跟踪提供真实有效的数据。

随着社会和经济的不断发展，我国对石油资源的依赖逐渐升高，现代炼油厂必须重视信息技术的研发创新，通过科学的理论验证，达到提升炼油生产综合质量、优化企业生产调度的目标。由此可见，自动化信息系统的研发与应用是现代石油加工的必经之路。

4.6　炼油厂也如花园般美丽

近年来,我国环保法规逐渐完善,执行力度逐步加大,炼油厂的环保工作越来越重要。现在国内各大炼油厂都是非常重视进行资源合理节约运用和生态环境保护,不断努力提高环保技术和管理水平,探索更加合理有效的工艺方法降低成本,最主要的是减少炼油生产运行全过程中各类污染物的产生和排放,以真正达到炼油厂节能减排增效和生产合理运行增效降低成本的目的,使炼油厂在提供能源保障的同时也能像花园般美丽。

炼油厂各个装置在生产工作过程中,必然会产生并排放少量污染物,故必须严格加以控制,才能使其达到环保的要求。这些污染物主要是废水、废气与废固,统称"三废"。需要对废物进行深度处理,实现资源的循环利用和"三废"的达标排放。以废水处理为例,在炼油厂的废水通常要经过"三关"过程处理。第一关是隔油,即在隔油池中将污水中的污油层刮去;第二关是去小油滴,主要运用凝聚和气浮的方法除掉那些很细的、悬浮在水里的小油滴;第三关是降解,利用化学品或自然界存在的各种微生物来分解废水中可溶性的有害物质。通过了这三关,废水一般就能达到国家排放标准,实

中国石油大连石化公司

现废水循环利用。但是，为了确保安全万无一失，有时还需增加一道安全关卡，如采用活性炭吸附，这样处理后排出的废水就显得更加透明纯净了。

对于现代化的炼油厂，通过新技术实现清洁与节能生产是发展的趋势，具体有以下措施：

（1）热能蒸汽的回收利用。炼油厂蒸汽中含有大量的工业热能，如果对这些工业用热能都能够予以合理科学的回收利用，那将为我国炼油企业节约很多宝贵能源。这些热能资源的回收方式是采用蒸汽分级供热，分层次地利用热蒸汽（图4.6）。

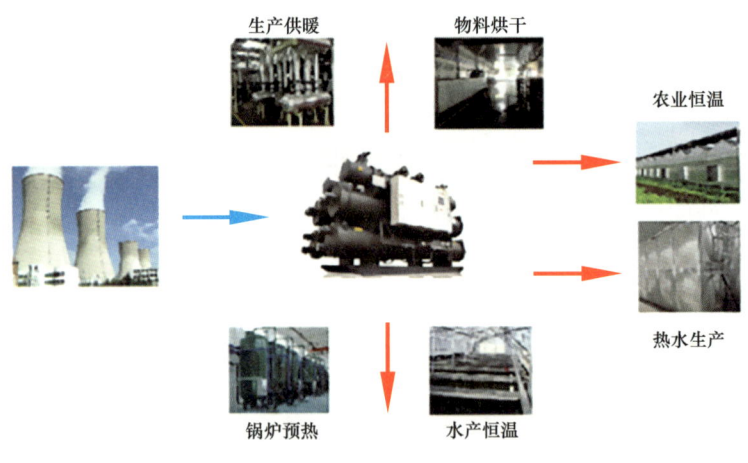

图4.6　炼油厂蒸汽利用

（2）建立联合装置。通过热组合的工艺原理将若干单个装置联合起来，实现各个装置的相互热联合，达到节约能源的效果。相比于双套装置联合，采用多套装置进行联合设计可进一步降低装置能耗排放与投资成本。这样在相同的燃烧热需求下，所使用的能源就减少了。除此之外，联合装置还同时具有工作效率和原料利用率更高等优点。因此，为能够更有效地提高生产综合效率，节约能耗，建立联合装置是可行的途径。

（3）采用新型节能技术。科学技术是第一生产力，为更好达到清洁生产和节能降耗的目的，就应采用新型的节能技术。如调控机泵、热泵和新型精馏技术，可大幅度地节约能源。

（4）加强对于资源的综合再利用。加强对于资源的再利用在一定程度上就是节约能源，同时这也能带来更大的经济效益。炼油厂生产过程中排放的污水、油气、残渣液等，以及炼油工业副产品，都可能通过再处理加工或重新提取利用转化成炼油厂工业原料或者经过直接精炼加工提炼成产品。

为更好地保护环境，炼油厂的环保管理工作仍需加强。通过采取有效的科学技术手段，如"三废"处理、使用清洁能源，以及加强资源再利用等技术提高炼油厂环境保护能力，最大化降低环境污染程度，最大化提高经济效益，实现炼油厂的可持续发展。

4.7 节约能源，降低炼油能耗

能耗的高低能够反映出炼油行业的工业化程度以及管理水平。从总体上看，我国石油炼化企业工艺十分复杂，生产装置的平均规模相对偏小，与世界上比较先进的企业相比能耗仍然较大，因此我国炼油企业应当着眼于降低能耗，推进可持续发展。应当通过什么途径来实现节能降耗的目标呢？可以从加热炉和换热器两方面入手。

加热炉是提供炼油厂热源的关键设备（图4.7），炼油厂拥有数量众多的加热炉，而加热炉消耗的燃料一般占全厂燃料消耗的"大头"。经过多年的发展和技术进步，加热炉的效率大幅度提升，其降低能耗的主要途径如下：

（1）减少散热损失。可以从两个方面

图 4.7　圆筒式管式加热炉

进行：一是检修过程中，及时修补炉墙，保证加热炉的保温隔热效果；二是正常运行中，对加热炉体外壁进行保温喷涂，相当于给炉子穿了一层"保温服"，这样就减少了热量的损失。

（2）降低排烟损失。加热炉在燃烧过程中会产生烟气，排烟温度比空气温度高就会导致热量损失。一方面，降低排烟温度，保持受热面清洁，防止结焦；另一方面，减少排烟量，保持适当的过剩空气量。

（3）提高燃烧效率。燃烧效率提高，燃料在加热炉中燃烧完全，自然就能节约能源。

（4）合理控制空气量。火焰燃烧需要通入空气，加热炉中也如此。加热炉在使用过程中，如果炉内的空气量太低，就会导致燃烧不充分；如果炉内空气量太高，就会增加烟气量，烟气量太大会增加排烟损失。因此，要将空气量控制在合理范围内。

（5）提高传热效率。优化加热炉内部结构，提高传热系数；定期清理炉管结垢，防止结焦、保持清灰流畅，提高炉管传热效率；改善炉内流动特性，增强传热效果；炉管表面要喷涂防止热量散失的专用耐火涂料，降低热量损失。

换热器是炼油厂中最常见的热量交换设备，其中应用最广泛的换热设备是管壳式换热器（图4.8）。管壳式换热器通过增大传热面积和提高传热系数来提高传热效率，如使用螺纹管、波纹管等代替普通的光滑管增大传热面积。

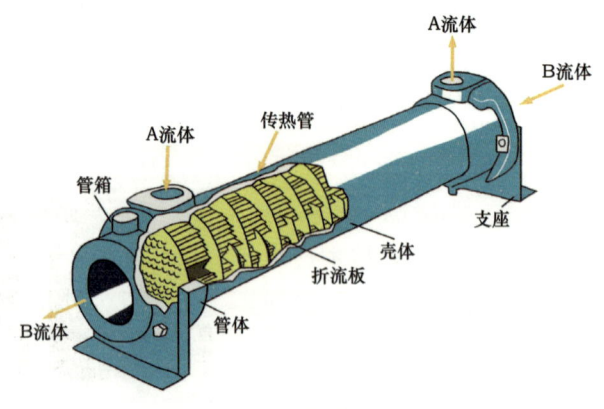

图4.8 管壳式换热器

从锅炉引出的各种蒸汽、热水管道和制冷低温管道，以及某些工艺设备，都离不开保温材料。保温材料包括保热材料和保冷材料两大类，但从广义上说，保热材料与保冷材料本质上没有什么区别，所以一般都统称保温材料。在选择、使用保温材料中应综合考虑其性能特点，尽可能做到高性能、低成本、便于安装和管理等。合理选择保温材料后，还需要确定保温层厚度。显然，若厚度过小，则热量就容易散失；反之，增加厚度将增强保温效果。

4.8 未来炼化企业模式

在"双碳"目标的驱动下，炼化生产模式将发生根本性变革，将经历由传统炼化模式逐步向生产氢能、电力、石化原料、高端材料和少量运输燃料等多样化产品的能源化工模式转变，与周边其他工业企业和能源企业协同发展，成为能源及化工原材料集散中心。未来炼化企业将呈现零燃料高度一体化型、低碳原料型、蓝色炼厂型、综合能源化工型等多种生产模式互补互促的发展格局（图4.9）。

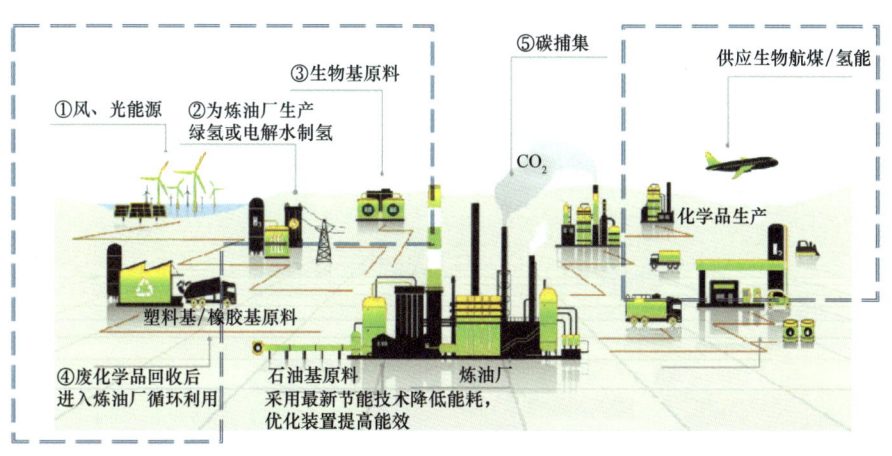

图4.9 未来炼化企业模式

参 考 文 献

《工业和特种润滑油》编委会，2011. 工业与特种润滑油［M］. 北京：石油工业出版社.

李明惠，谢少芳，2020. 汽车材料［M］. 2版. 北京：机械工业出版社.

梁文杰，王丙申，2006. 石油与衣食住行——石油炼制与化工［M］. 北京：石油工业出版社.

廖传华，顾国亮，袁连山，2005. 工业化学过程与计算［M］. 北京：化学工业出版社.

芮福宏，2009. 百年化工，铸就辉煌：化工教育读本［M］. 天津：天津大学出版社.

王先会，2005. 工业润滑油脂应用技术［M］. 北京：中国石化出版社.

王先会，2014a. 车辆与船舶润滑油选用指南［M］. 北京：中国石化出版社.

王先会，2014b. 工业润滑油选用指南［M］. 北京：中国石化出版社.

徐春明，杨朝合，2022. 石油炼制工程［M］. 5版. 北京：石油工业出版社.

杨乐华，2006. 建设项目职业病危害因素识别［M］. 北京：化学工业出版社.

张滨友，2003. 汽车燃料和润滑剂［M］. 北京：北京理工大学出版社.

张建平，2003. 电气设备检修技术问答［M］. 北京：中国电力出版社.

张彦如，2006. 汽车材料［M］. 合肥：合肥工业大学出版社.

朱俊，肖永清，2007. 汽车发动机快修实例［M］. 北京：科技文献出版社.